少年探索发现系列
EXPLORATION READING FOR STUDENTS

你不可不知的
自然之谜

总策划/邢 涛　主编/龚 勋

U0222326

汕頭大學出版社

前言

令人惊叹的神秘自然……

FOREWORD

大自然美丽而神奇，无论是广阔的天空，还是浩瀚的海洋，无论是遥远的地球两极，还是近在身边熟悉的土地，总有那么一些现代科学努力探索却又无法解释清楚的未知事物和神秘现象。这些扑朔迷离的谜团既令人惊奇，又引人深思，勾起人们探索的兴致。

这本《你不可不知的自然之谜》以满足少年儿童的好奇心、拓展其视野为目的，精选了诸多新奇的自然之谜，以灵活多样的体例、图文并茂的形式，详尽展示了自然界里的奇观异象、悬疑事物。

　　在书中，少年儿童读者可以探索地球的秘密，见识沧海桑田的变迁，感受杀人石、杀人浪、百慕大三角的惊悚可怕，了解黑夜彩虹、天再旦、怪雨的新奇事，目击无名怪火、绿色阳光等大自然的神秘造化，探寻生命起源、大型动物灭绝、人类祖先进化等事件发生的线索，观察植物生长方向、植物跳舞、生物钟等奇异的生命现象……

　　下面，请随我们一道走进这个神秘的未知世界，共同领略大自然留给我们的种种神奇！

CONTENTS
目录

第二章
神秘莫测的水域悬疑

第三章
虚虚实实的迷幻气象

第四章
古怪奇妙的生命谜团

第一章

众说纷纭的大地怪象

作为人类赖以生存的家园和基地，大地上的一切都与我们的生活休戚相关。正如我们经常感受到的一样，大地上的事物并非总是单纯、温顺的，在那里所发现的怪象远远超出了人类的想象空间和科学技术所能解释的范围，其中许多谜团都没能获得圆满的解释，形成众说纷纭的局面。地球自转为何变慢，钟乳石会"开花"，土地会飞，山谷会杀人，棺材自己能移动……这些怪异的地理现象和自然奇观，在这一章里都会有详尽的描述。

地球自转为何变慢

哪些现象证明地球自转在变慢？
如何解释地球自转变慢这一现象？

地幔
地核

▲ 地球内部的构造

地球的运动是变化着的，而且极不稳定。地质学家根据对各地质时代的化石，特别是珊瑚、双壳类、头足类、腹足类和叠层石的生长节律和古生物钟的研究，发现地球自转速度在逐年变慢。这是因为很多生物的骨骼生长特征都表现出了年月周期。例如，现生珊瑚石每一"年轮"中有360圈"日轮"，石炭纪珊瑚化石一年有385～390圈"日轮"，泥盆纪珊瑚化石为385～410圈"日轮"。这说明泥盆纪和石炭纪一年的天数要比现代的多，也表明那时地球自转的速度较现在要快。

有了确凿的证据，地球自转速度变慢就毋庸置疑了，然而人们却对其变慢的原因提出了不同的解释。最初，研究人员认为，这是月球和太阳对地球产生的潮汐摩擦造成的。后来，又有人提出了新的见解，认为地球半径的胀缩，地核的增生，地核和地幔之间角动量的交换，以及海平面和冰川的变化，都可能引起地球自转周期的长期变化。到底哪个说法更准确，仍需要科学家们进行更深入的研究。

◀ 地球自转示意图

地球磁极倒转之谜

什么证据能证明地球磁极曾经倒转？

地球磁极倒转有规律可循吗？

地球本身是一个大磁体，其磁性的产生与自转有关。自转使地球内部的电荷移动，产生电子流，从而形成南北向的巨大磁场。

近年来，地质学家发布了一个惊人的发现：地球磁场能够倒转。他们是怎样发现这个现象的呢？原来，火山熔岩在冷却的过程中，火山熔岩中的磁性物质在冷却凝固前会受当时地球磁场的影响而显示一定的磁性。地质学家通过研究这些熔岩，发现有些地方的熔岩其磁化方向是由北向南的，与现在地磁场由南向北的方向正好相反。经过进一步研究，他们又发现世界各地凡属同一时代的岩石，磁化方向都相同。这说明那些熔岩在凝固时，地球磁场的方向与现在的相反。

事实上，地球磁极倒转过不止一次。在过去的450万年内，南北磁极倒转过至少20次。在距今最近的70万年里，地球磁极至少有过5次短暂倒转，最近的一次大约发生在3万年前。不过自人类出现以来，磁极还未倒转过。磁极倒转变化毫无规律可言，既无法预测，也说不清原因。

◄ 熔岩流动时会受地磁作用而磁化

什么力量令大陆漂移

"大陆漂移学说"是怎样提出来的？
为什么"地幔对流假说"遭到质疑？

▲ 能拼在一起的地球板块

20世纪以前，人们一直都认为海陆位置是固定的。然而到1915年，这一观点被德国气象学家魏格纳推翻。魏格纳在《海陆的起源》一书中提出"大陆漂移论"，从此动摇了人们"海陆位置固定论"的观念。

魏格纳通过观察地图发现，南美洲东海岸和非洲西海岸的轮廓十分吻合，而且这两个海岸在对应的位置上能找到对应的山脉和对应的矿山。后来，他又搜集了许多古气候、古生物的证据，用以证实大约两亿年前，地球上只有一块陆地，陆地被一片广阔的海洋所包围。由于地球自转的离心力作用，原始大陆产生裂隙，美洲陆块在地球自转的过程中渐渐落后，日久天长便形成今天的大西洋。

探索发现
DISCOVERY & EXPLORATION

大陆漂移学说

远古时期，地球上的大陆彼此连成一片，称泛大陆。1.8亿年前，泛大陆开始分裂，漂移成两大块，南块叫冈瓦纳古陆，北块叫劳亚古陆。到6500万年前，今天的海陆分布格局才基本形成。

▽ 地幔与地壳

地壳

地幔

地幔

地核

⊙ 地球内部构造

　　20世纪50年代，古地磁学的兴起，以及后来放射性同位素的发现，为大陆漂移提供了可靠的证据。现已发现，各大洋中间海岭两侧的古地磁异常带，以及正向带和逆向带都呈对称分布；海岭两侧岩石的年龄也大致对称排列，而且离海岭越近越年轻，离海岭越远年代越久远。

　　大陆漂移理论得到了肯定，但其漂移的动力又是什么呢？对此，人们提出了种种假说，其中较有影响的是地幔对流假说。地球深部的核心称地核，呈高温熔融状态，它使外围的地幔升温，令靠近地核部分的岩层熔化。地幔下部的热不能有效地散发出去，热量便积聚起来，致使地幔升温，地幔物质成为塑性状态，形成对流运动。地幔的热对流在大洋中脊处上升，沿着海底水平运动到大洋边缘的海沟岛弧带，随着水平长距离运动而冷却，最后沿海沟下沉，又回到地幔层中消失。由于地幔的对流运动，漂浮在它上面的板块也被带动做水平运动。

　　然而，有许多科学家对"地幔对流假说"表示怀疑。他们认为，如果地幔对流力存在，那么泛大陆就不可能存在，而且还会与地球磁场的成因相互矛盾，等等。

　　由此看来，要揭晓大陆漂移的动力源之谜仍需新理论。

⊙ 人们推测出来的陆地变迁

海陆 相对分布之谜

海洋和陆地的分布有规律可循吗？
这一现象的出现是偶然的吗？

　　在地球仪上，你只要细心观察，就会看到这样一个现象：地球仪上任何一个大陆，与之相对的相反侧（地球仪的另一侧）几乎全是海洋。就是说，你只要把右手压在地球仪的任何一个大陆上面，然后将左手压在与之相对的地球仪的相反侧，就会发现左手压住的地方全是海洋。

　　这个有趣的现象是偶然的巧合，还是有什么内在的联系？有人提出了"地球四面体"的假说，来解释海洋和大陆的这种分布现象。他们找了一个充满气体的软皮球当作假想地球，然后将皮球中的空气放掉，使皮球逐渐变扁。结果，皮球表面在收缩后产生凹陷，称四面体凹陷。这四面体的4个面就好比是太平洋、印度洋、北冰洋和大西洋，而4个面相交形成的4个顶点好比是欧亚大陆、非洲大陆、美洲大陆和澳大利亚大陆。

　　当然，这一假说是由现象简单推测而来的，它的真实成因却要复杂得多，所以假说未能得到普遍承认，成因仍需深入探索。

▼ 地球表面

新疆的**沧海桑田**之变

科学家在塔里木盆地发现了什么秘密？
新疆的沧海是怎样变成桑田的？

一提起新疆，人们首先想到的是戈壁沙漠。但有证据显示，几百万年前，新疆曾是古地中海的一部分，为一片浩瀚的大海。

在塔里木盆地内，有许多壮观的活动沙丘，这些沙丘彼此堆挤、叠压在一起，相对高度在200米以上，沙丘间露出了岩石。科学家在这些岩石内找到了大量

△ 新疆境内荒凉的沙漠

生活在2.9亿～3.6亿年前二叠纪海洋中的软体动物化石，以及形成于海边潟湖的厚石膏层，这些都证明当年这里曾是一片大海。2.5亿年前的地壳运动，使海水从塔里木地区全部退却。但此后，新疆仍时时遭受海水的入侵，直到520万年前这种情况才彻底结束。海洋在新疆大地上留下了丰富的煤、石油、天然气及石英、云母、玉等矿床。

了解了新疆的地质演化史，才能真正懂得沧海桑田的含义。尽管沧海已经消失无踪，但谁又能预测明天的地质变化呢？说不定哪一天，这片荒滩戈壁又变成了美丽的水世界。

▽ 新疆戈壁上的胡杨林

火山定期喷发之谜

火山喷发是怎样形成的？
火山喷发也有规律可循吗？

△ 正在喷发的火山

在地壳之下的100～150千米处，有一个"液态区"，里面是熔融状的岩浆，它一旦从地壳薄弱的地段冲出地表，就会形成火山喷发。

通常，火山喷发是没有规律可言的，然而在意大利西西里岛以北的利帕里群岛中有一座斯通博利火山，它每隔10～15分钟就喷发一次，从古到今一直如此，因此被誉为"地中海的灯塔"。无独有偶，在亚洲的菲律宾群岛中，也有一座定时喷发的火山——马荣火山，它的喷发也很有规律，据记载在20世纪的几次喷发时间为1928年、1938年、1948年、1968年、1979年底，大致每10年喷发一次，唯独50年代缺了一次。

这些好像时钟一般能定期喷发的火山因何形成？为何能够如此有规律？至今，这还是未解之谜。

▽ 会定时喷发的火山

泥火山成因探究

泥火山活动时是什么样的？
泥火山的成因与火山活动有关吗？

新疆境内的泥火山

泥火山在地球上分布并不多，仅在美国、俄罗斯、墨西哥、新西兰、中国等少数国家出现。泥火山活动时，看上去就像个浑浊的泉水坑，稀稀的土黄色泥浆从地底下一个劲儿地往外翻滚涌动，不时地咕嘟咕嘟冒泡，犹如大地在沸腾。泥火山活动时会散发出带有臭味的沼气、硫化氢等气体，有的气体甚至可以点燃。令人意外的是，那滚滚翻腾的泥浆温度却很低，因而也有人把泥火山称为"凉火山"。有的泥火山除了喷泥外，还会喷火；有的则连泥带水高高蹿出，看上去好像泥喷泉。

泥火山的成因至今尚未被完全搞清楚。学术界对此一直存在争论，观点大体上可分为两大类：一种观点认为，泥火山的形成和沉积作用有关，即地下存在着富含有机质的沉积物，其中蕴藏着大量的水和碳氢气体，它们一旦遇到地壳裂隙，就携同周围的泥土、岩屑一齐喷出地表，形成泥火山；另一种观点认为，泥火山的形成与火山活动有关。目前，有关泥火山的研究还在继续。

正在活动的泥火山

真有远古大洪水吗

传说与远古大洪水有什么关系？
有证据能证明远古大洪水真的发生过吗？

世界许多国家都流传着关于大洪水的传说。基督教的《圣经》里是这样描述的：上帝看到人类已败坏，便以洪水灭世。洪水的水势浩大，淹没了所有的高山。只有诺亚奉上帝之命建造了一艘方舟，载着他一家老小及各种留种的动物逃脱了灭顶之灾。

希腊神话中则称：宙斯来到人间察看，发现人类很堕落，特别是吕卡翁国王以人肉招待客人。宙斯义愤填膺，把吕卡翁变成了一只嗜血成性的恶狼。随后，他降下暴雨，下了九天九夜。普罗米修斯的儿子丢卡利翁事先得到父亲的警告，造了一条大船。当洪水到来时，他和妻子得以逃生，人类得以延续。

此外，在印度、埃及、美洲等地也有关于大洪水灾难的神话和传

▲《圣经》里提到的大洪水

▲ 尼尼微出土的泥板上记载着大洪水的故事

说。中国人则把大洪水解释为天漏，所以有女娲补天的神话。

神话的真实性虽然已无法证实，但却引发了人们的思考：为什么世界各地会有相似的传说呢？学术界由此展开了一场旷日持久的争论，焦点集中在：远古时，究竟有没有一场世界范围内的大洪水？

一方学者提出，地球第四纪冰期在12000年前开始退却，气候转暖，冰川大量融化泛滥，海水不断上升，吞没了大陆架和大陆桥，并发生普遍的大海侵，淹没了许多海岸和部分陆地，所以世界性的大洪水确实发生过，但并没有达到淹没一切的程度。当时依海及依水而居的人们被迫向高地迁徙，随之带去了可怕的洪水故事。许多淹没在海水之下的文明遗迹及大海侵的痕迹成为此说的有力论据。而以英国人富勒为代表的一批学者则持反对意见。他们认为在古代世界的各个地方，由火山、地震引起的海啸、飓风掀起的海水猛涨，大雨或融雪造成的大泛滥，都有可能被深受其害的人们传说为世界大洪水，因此这一观点不足以信。

那么，远古世界的大洪水真相究竟如何呢？这至今仍是一个难解的谜团。

▼ 有人认为，江河泛滥的洪水很可能被人们传言为全球大洪水

探索发现
DISCOVERY & EXPLORATION

印第安人的洪水神话

与欧亚类似，在美洲印第安人的古老神话里也有着关于全球洪水的传说。传说上天为了惩罚人类，发动了洪水。全世界只有一对夫妻躲过这场灾难，存活下来，才使人类得以繁衍。

乐业天坑疑团

乐业天坑是怎样形成的?
天坑底部有生物吗?

天坑是喀斯特地区的一种特殊地形,主要分布在中国、墨西哥、巴布亚新几内亚等少数国家,其中中国广西百色地区的乐业天坑是世界上已发现的最大的天坑群。

▲ 天坑是由石灰岩洞穴塌陷形成的

乐业天坑群由20多个天坑组成,其中最大最深的天坑叫大石围天坑,深达613米,南北宽420米,东西长600米,周边为悬崖绝壁。这些天坑是如何形成的呢?有专家认为,这可能是地下暗河长期腐蚀造成地下空洞后引起地表大面积坍塌所致。

天坑底部的原始森林面积达几十平方千米,里面有溶洞群、地下河流相通。有位美国探险家在坑底的地下河里发现了世界罕见的鱼种——盲鱼。另外,还有人在天坑内拍到了蓝色的石头、方形的竹子以及许多叫不出名字的植物。这些都说明,乐业天坑群底部可能存在一个较原始的生态群落。

天坑群景观最奇绝的要数白洞天坑,它除与其他天坑一样具有地下原始森林与地下暗河外,还与相隔1.1千米的天星冒气洞相

◀ 乐业天坑

▲ 大石围天坑

通，形成了自然界最奇特的景观——一边洞口吸气，另一边洞口出气。从洞口冒出的白烟，在方圆几百米外都能看得清。奇怪的是冒气洞会冒气，为什么其他的天坑洞穴却没有这种景观呢？专家们也无法解释。

另外，大石围附近有一个莲花洞，洞中发现了大大小小的岩溶莲花盆200多个，还有为数众多的穴珠（球状的颗粒物）。莲花盆是一种钟乳石，因形状酷似舒展于水面的睡莲而得名。莲花洞为什么发育了如此众多的莲花盆和穴珠？其发育的条件是什么？这些问题还有待专家们进一步研究。

除了已发现的天坑，广西百色乐业县境内是否还存在着不为人知的天坑？在这片神奇的崇山峻岭下面，是否还有仍在继续坍塌的溶洞？它们还会形成新的天坑吗？人们希望，这些疑团会随着科学考察、探索的深入被一一解开。

▼ 莲花洞

与 探索发现
DISCOVERY & EXPLORATION

认识天坑

天坑，学名喀斯特漏斗，是在喀斯特地面上发育的一种漏陷地貌。按国际洞穴协会和中国地质学会洞穴研究会公布的标准，洞口直径大于200米、垂直洞深超过200米的喀斯特漏斗才称天坑。

撒哈拉沙漠曾是绿洲吗

什么证据能证明撒哈拉沙漠在远古时期是绿洲？
为什么撒哈拉绿洲会消失？

撒哈拉沙漠是世界上除南极洲之外最大的荒漠，位于非洲北部，气候条件极其恶劣，是地球上最不适合生物生长的地方之一。然而，令人迷惑不解的是，在这块极端干旱缺水、植物稀少的大地上，竟然曾经有过繁荣昌盛的远古文明，沙漠上遗存的古文明遗址及其中的大型岩画就是这一远古文明存在的证据。

难道说撒哈拉沙漠过去不是荒凉的无人区？通过一系列考古，人们发现，撒哈拉沙漠在公元前6000年至公元前3000年的远古时期，是一片郁郁葱葱的绿洲。

19世纪中叶，一位叫巴尔斯的德国探险家，在阿尔及利亚东部的恩阿哲尔高原地区意外地发现了几个古文化遗址。他在遗址岩壁上发现了许多岩画，并注意到画中的图案除了刻有马和人外，竟还有水牛。随后，他在沙漠其他地带的遗址岩画中也发现了水牛，不仅如

◀ 原始人类的岩画　　　　　▼ 渐变为荒漠的大地

▲ 撒哈拉沙漠里的植物

此，还有犀牛、河马等依水而居的动物，但未见骆驼。由此，他推测远古时代这里一定是有水有草的大草原。于是，他把撒哈拉的历史分成了前骆驼期和骆驼期，用来区分撒哈拉沙漠的草原时代和沙漠时代。后来，这一划分方法被考古学家们普遍采用。

沙漠是如何形成的

沙漠是由干旱的气候造成的。从沙漠的分布来看，也能证实这一观点。目前，世界大部分沙漠都集中分布在北非、西南亚、中亚和澳大利亚地区，而这些地区都处在气候干旱带内。

那么，撒哈拉的绿洲时代是什么时候结束的，沙漠时代又是什么时候开始的呢？

科学家们发现，大约在公元前3000年以后的撒哈拉岩画上，那些水牛、河马和犀牛的形象逐渐消失了，这说明撒哈拉地区的自然条件正在发生变化。到了公元前200年，山洞岩画里才有了骆驼的形象，这说明此时的撒哈拉已成为了沙漠。

▼ 撒哈拉沙漠

科学家推测，撒哈拉地区大致经历了这么一个变化过程：撒哈拉地区先是气候发生突然变化，雨水量迅速减少，导致沼泽慢慢变干。与此同时，生活在这里的人们不知道保护生态环境，大量砍伐树木，无节制地放牧，致使这里渐渐演变为沙漠。

尽管这一结论是基于原始人绘制的岩石壁画得出的，但其中仍有许多疑点。例如，撒哈拉为什么会发生气候突变？绿洲会不会仅限于小片区域呢？目前，这些疑问还无法得到解答。

死亡陷阱——流沙

流沙与沙粒形状有关联吗？
什么因素决定了流沙的发生？

在沙漠里、湖沼边的沙地上经常会出现流沙，让人避之不及，丧生于此。为什么这些沙地会变成可怕的陷阱呢？

起初，人们以为流沙是由滚圆度良好的圆粒沙组成的，沙粒间能互相辗转滚动，有人踏在上面时，滚动的沙粒便转动着"让路"，人就往下陷。这一说法似乎有一定道理。然而，当科学家把普通沙和流沙的沙粒放在显微镜下仔细对比后却发现，流沙和普通沙一样，都是由棱角状的沙粒构成的。

△ 流沙地

那么，沙粒的表面会不会有一层润滑液之类的东西呢？人们在沙粒表面没有找到所谓的润滑液。后来，有位科学家猜测流沙与水有关。于是，他设计了几组实验，让水以不同的方式从沙内流过，结果发现：当水从沙下面往上注入沙内时，流沙出现了。原来，流沙是地下水上涌引起的，它使沙粒散开，呈半漂浮状。人一旦踏在沙上，便会像在水中一样往下沉。事实果真如此吗？这还有待于实地考证。

▽ 流沙会在什么地方发生？

产香稻的**神奇水田**

香稻产自哪里？
香稻的出现是稻种的原因吗？

▶ 稻田

在海拔1200多米的重庆市石柱土家族自治县悦来乡寺院村土家山寨，有5块能使普通水稻变成香稻的神奇水田，它的这一"特异功能"历千年而不衰。

这5块地的面积约有1334平方米，位于寺院村大片梯田的中央，从外表上看没什么特别之处，但是在这几块地里种出的稻谷，却与周围水田经同耕、同播、同生长、同管理种出的稻谷截然不同，犹如生长在两个天地。最奇特的是，不论变换什么稻种，这5块田地都能产香稻，而且不论遇上多大的灾害，这里总是旱涝保收，稻香气不减，米色和米质不变。据清朝《石柱县志》上记载："香稻产自悦来寺院，此米呈明色，晶亮，喷香扑鼻，馥溢四邻；成饭后如油拌，胜过糯米……"

这5块香稻水田成为一个令人费解的谜，至今都无人能解释其中的奥妙。我们相信，香稻水田之谜在不久的将来定能揭开，一旦揭开，定会具有土壤学、地理环境学等方面的重大科研价值。

▼ 香稻的成因让人难以捉摸

会飞的土地

土地会飞是真实的，还是传闻？
地形和天气是事件的诱因吗？

1989年6月13日晚，一场百年未遇的特大暴雨袭击了四川省珙县三溪乡。第二天清晨，村民们出门查看被暴雨洗劫之后的庄稼地，他们惊

谁是稻田上"飞地"怪事的祸首？

异地发现，一座山坡上面积达666.7平方米的种满玉米、黄豆、土豆的土地不翼而飞，只剩下一条裸露出山石的长洼地。很快，他们便发现，在相距此山120米的对面山上，一块水稻田也不见了，上面却长满了玉米、黄豆、土豆苗，庄稼都完好无损。他们这才反应过来，原来是这边的庄稼地"飞"过了山，覆盖在对面的水稻田上了。令人惊奇的是，位于两山之间的公路、小河、数亩水稻田上面，竟没有留下一点泥土和石块。这件事如迷雾一般笼罩在人们心头。

后来，有专家推测，可能是充足的降雨润滑了山坡上那块地与山体之间的接触面，使那块地向下滑落，在特殊地形的作用下"飞"起来，跌落在120米外的稻田上。这起罕见的"飞地"事件，成因真这么简单吗？我们期待能再次印证这个结论。

山间的田野

神秘的 "寂静区"

"寂静区"内奇异的现象与磁场有什么关系？
"寂静区"的磁场是从哪里来的？

"寂静区"地处墨西哥木马皮米盆地国家生态保护区内，这里出现的一些奇怪现象至今仍无法解释：电磁波到了这里便消失得无影无踪，人进入其中便无法用电磁波与外界联系；陨石随处可见，流星雨更是这里的常客；飞机飞越该地区上空时，导航系统会完全失灵；各种古生物化石遍地皆是；毗邻地区风雨大作，这里却永远骄阳似火。

◎ 强大的磁场可使罗盘等仪器失灵

关于"寂静区"内奇特现象的解释有很多，其中最流行的是科学家提出的"磁场说"，即这一地区的下方存在一个强大的电磁能量场，这样便可以对陨石坠落以及雷达系统失灵等现象做出合理解释。但为何只有这里具有强大的磁场呢？有人猜想，地核在这个位置更接近地表从而产生比其他地方更强的磁场；更有人猜测，这里的地下曾经是外星人储存能量的仓库。猜测终归是猜测，"寂静区"的谜团在目前还无人能解。

◎ "寂静区"处在一片荒野内，其中怪象众多

陆地"魔区"

谁是陆地"魔区"车祸事件的罪魁祸首？
为什么陆地"魔区"在世界各地屡见不鲜？

△ 兰新公路

"死亡"是司机们最不愿意提及的词语，但如果不巧的话，他们还真会行驶到陆地"魔区"。

1990年，位于俄罗斯贝加尔湖畔的贝加尔镇，接连发生了数十起重大车祸，这在该镇历史上从未有过。一位幸存的货车驾驶员说，当他驾车经过该镇时，竟莫名其妙地出现了幻觉。接着，他发现方向盘失灵，汽车被一种无形的力量牵引着，随后与另一辆同样"失控"的轿车相撞，酿成惨剧。同年深秋，一队货车经过此地时就像有人指挥似的，一起倒开了近3分钟。有批美国专家接受邀请前来调查，他们称，确实在这里发现了诸多怪现象，但都无法给出合理的解释。

当然，并非所有的陆地"魔区"都是不解之谜。1929年夏末，德国不来梅和海文之间的新公路开通了。然而，在一年时间内，先后有100多

◆ 有些公路上的翻车事件很可能与地磁场异常有关

▲ 曲折的道路极易诱发车祸

▲ "魔区"内的公路

辆汽车因为受到神秘力量的牵引，撞向该公路239千米处的路标。后来，当地一位探矿师卡尔·威尔揭开了谜底。他指出，神秘力量来自地下泉所产生的强大磁场。随后，卡尔·威尔在239千米处的路标下埋了一个装满星状小铁片的匣子，从此这里的车祸便绝迹了。

在中国，同样存在类似的死亡"魔区"，它位于兰州至新疆的兰新公路430千米处。好端端的、正常运行的汽车，行驶到这里就会发生翻车事故，而且搞不清翻车的原因。这里每年至少发生这样的事故十几起，多则二三十起。尽管司机们行驶到这儿都会小心谨慎，但事故仍不断。难道是因为430千米处坡陡、路滑、崎岖狭窄吗？事实并非如此，430千米处的道路不但平坦，而且视线十分开阔。那么，如此多的车辆接连翻车，原因究竟何在？最初，有人分析可能是道路设计有问题。为此，有关部门曾多次改建这段公路，但也没能降低事故的发生频率。后来，又有人根据每次翻车都朝北的现象，推测430千米处以北可能有个大磁场，是强大的磁力造成汽车翻车。但此论点并没有找到依据。

由此看来，"魔区"的形成原因还有待于人们的进一步研究。

探索发现 与
DISCOVERY & EXPLORATION

神秘的地磁异常

地磁异常是指磁性体产生的磁场叠加在地球磁场上引起的地磁场畸变。自然界的物质具有不同的磁性，可以产生不同的磁场，一些特殊物体可使地球磁场在局部地区发生变化，出现异常。

21

违反常规的"魔鬼地带"

"魔鬼地带"内的东西都有什么异常？
"魔鬼地带"内的怪象是重力异常的表现吗？

从美国加利福尼亚州的海滨城市旧金山驱车南行，大约两个小时，就可到达圣塔克斯小镇。在该镇的郊外，有一片神秘的地带，被人们称为"魔鬼地带"。

据说，这块区域直径约150米，面积约1.7万平方米。这里是一片茂密的树林，可奇怪的是，林中的所有树木都如同遭遇了台风一般，向同一个方向大幅度倾斜。人也不例外，只要一进入此地，就无法垂直站立了，身体会与树木一样，不由自主地向同一个方向倾斜，而且不会跌倒。自1940年以来，这里吸引了不少游客和科学家。这里还有一个倾斜欲倒的小屋，进入屋里的人都会无一例外地斜着站立。屋里一角斜放着一块板，如果把球放在板的低端，球就会顺坡向高端滚动。

"魔鬼地带"里的种种怪异现象，完全违背了地球上的物体所遵守的万有引力定律，也就是物体不再按所受的重力作用而运动了。这个现象很蹊跷，谜底至今还无人揭开。

▷圣塔克斯附近覆盖冰雪的植物

青海"魔鬼谷"寻魔

青海地区的狭长谷地为什么被称为"魔鬼谷"？
谷里雷暴的发生与环境气候有关系吗？

在我国西北部的青海地区，有一个长100千米、宽30千米的狭长谷地，南有昆仑山，北有阿尔金山，东起青海省茫崖镇，西至新疆若羌县境内的沙山。这里平均海拔3200米，雨量充沛，气候湿润，林木繁茂，牧草丰美，是一片很好的天然牧场。然而，这里却被称为"魔鬼谷"，千百年来被视为禁地。原来，曾有许多人和畜群被这块谷地夺去了生命。

"魔鬼谷"天气晴朗时还好，一旦遇上天气变化便阴森恐怖，平地生风，电闪雷鸣，特别是滚滚炸雷，震得地动山摇，成片的树林被烧焦。谷中的人和动物只要遇上这样的天气，便要遭殃，肯定会被雷击中，而且绝没有生还的可能。最初，人们不明原因，便认为是魔鬼干的。近年来，科学家们经过实地考察后指出，谷内分布着大面积强磁性玄武岩和石英闪长岩矿脉及铁矿脉，因此猜测很可能是它们与雷雨磁场作用引发了雷暴天气，致使雷击事件频发。事实果真如此吗？还有待科学家们进一步探索。

△天气晴好时，青海"魔鬼谷"内欣欣向荣

◁乌云从昆仑山上经过

美国"死亡谷"探秘

美国"死亡谷"是如何形成的？

进入谷内的人为什么会莫名其妙地死去？

在世界一些人迹罕至的地方，隐伏着若干让人谈之色变、不寒而栗的死亡谷地，人或动物如果进去，往往会莫名死亡。人们把这些地方称为"死亡谷"。

在美国加利福尼亚州和内华达州毗连的地带，有一个"死亡谷"，它长225千米，宽6～26千米，面积1408平方千米。山谷两侧悬崖峭壁，山岭绵延，地势十分险恶。

1949年，美国有一支寻找金矿的勘探队，因迷失方向误入谷地，结果人员几乎全部死亡，仅有几个人侥幸逃出，但不久这几个人也不明不白地死去了。后来，又有不少人前去探险，结果也是不明不白地死去了。

最令人难以理解的是，这个人类的地狱却是飞禽走兽的天堂。据初步统计，这里生活着230多种鸟类、19种蛇类、17

▲ 荒凉的美国"死亡谷"　　　▼ 处在群山环抱之中的美国"死亡谷"

美国"死亡谷"内很荒凉，人迹罕至

美国"死亡谷"内的谜中谜

美国"死亡谷"中有"会走路的石头"，它们躺在龟裂的干盐湖地面上，但奇怪的是每块石头的身后都拖着一条长长的凹痕，显然是自行移动造成的。石头会跑动，这令人非常不解。

种蜥蜴、1500多头野驴，还有各种各样多如牛毛的昆虫，草本植物也随处可见。"死亡谷"为何对人类这么凶残，而对动物却如此仁慈呢？

据美国科学家考证，"死亡谷"在非常遥远的古代经历了多次沧海桑田的变化，才演变成今天奇特的面貌。在大约3000万年前，由于这一带地壳运动频繁，埋在地下的岩层，受到两侧力的挤压，褶成弯曲状，有的地方隆起突出，成为高地或山岭；有的地方凹下，成为河流或盆地。"死亡谷"是其中一块狭长形的闭塞盆地。到距今约2000万年前，地壳再次发生剧烈的断裂，沿着断裂带形成了一条深1200多米的大断层，随后很厚的沉积物覆盖在了大断层上。有些学者推测，一些人进入"死亡谷"后，误入了大断层，陷入到沉积物中，所以连尸体也找不到。

也有学者认为，可能是谷底某一处地下藏有某种至今尚未被查明的剧毒矿物元素，当人们靠近这种矿物时，就会中毒死亡。

"死亡谷"是一个难解的谜，要想彻底查明致人死亡的原因，还有待今后深入的探索和研究。

美国"死亡谷"内的盐碱地

25

"谜"世界——神农架

神农架里的有声"鬼市"是怎么回事？
"冷暖洞"的巨大温差是怎么产生的？

　　位于湖北省西部的神农架，是一处保存完好的原始森林，面积为3250平方千米。那里风光绮丽，处处有奇观，又处处有难以解释的谜团。

　　到过神农架的人都赞叹那里秀美的景色，还有不少人声称在那里见识过"鬼市"，体

▲ 神农架兴飞瀑布

验了身临幻境的感觉。当人站在高耸入云的山顶，就看到了好像鬼魂一样的人影在晃动。"鬼市"又叫做"山市"，是一种虚幻的蜃景。还有人声称，不仅看见了"鬼市"，还听到了"鬼市"里嘈杂的人声和车马的喧闹声。"鬼市"的成因是怎样的呢？有声"鬼市"又是怎么回事？这令人难以解释。

　　神农架里有一个"冷暖洞"，洞内到处是奇形怪状的石柱、石笋、石帘、石鼓。不过令人称奇的是，这个洞的洞口有一条非常明显的冷暖交界线：站在冷的一边，人们感到冷风嗖嗖，寒气逼人；站在另一边，马上又有春风拂面而来的感觉。左右两边相隔不过一条线，但温度却相差10℃以

探索发现 与
DISCOVERY
& EXPLORATION

白化动物

　　在同一物种中，偶尔会出现异于同种动物的个体，它们在羽色或毛色上与同种动物有明显的差别，一般呈白色，但其体内结构及各种器官与同种个体并无差异，这就是白化动物。

上。是什么原因造成这么大的温差呢？有人分析是洞口构造特殊造成的，它可能在无形中隔离了冷暖两股空气，从而形成了一个独特的空气门帘；也有人认为是洞底下另有玄机，是温泉之类的热源散发出的热量造成的。总之，说法不定，还没有定论。

神农架有一个叫"小当阳"的地方，那里有一条河。这条河乍看没什么异样，但只要顺着河往下走四五十米，就可以看见潮涨潮落的现象，并且一天发生3次，特别有规律。这一现象在河流中很不常见，其中的原因也没有人说得清楚，仍是一个未解之谜。

◆ 神农架内的山间小溪

人们常把神农架称为"白化动物之乡"。到目前为止，人们在这里发现了白金丝猴、白松鼠、白蜘蛛、白乌鸦、白熊、白狼、白蛇、白龟、白麝、白鹿等20多种白化动物。在世界其他地方，人们也曾发现过白化动物，但种类和数量都不如神农架这么多。这是为什么呢？专家和学者对此一直困惑不解。

神农架这个神秘的地方留有太多的谜团，需要人们去一一破解。

◆ 神农架郁郁葱葱，是一处保存完好的原始森林区

大自然的音响胜地

岩石移动位置后，还会发出悦耳的声音吗？
天然岩洞为何会奏出动听的乐曲？

⬆ 有风的时候，岩石会发出奇怪的声响

自然界里能发声的事物很多，不过最令人称奇的还是响山、奏乐石、琴石和奏乐洞这些天然的音响奇物。

在广西靖西县，有个叫"牛鸣坳"的山坳，那里横卧着两块巨岩，其中左边的三角形的巨岩有汽车那么大，远望犹如一头匍卧的大灰牛。这块岩石表面很光滑，内有许多交错的孔洞。当人贴着洞吹气时，岩石就会发出雄浑的"哞哞哞"声，好像牛叫。越使劲吹气，声音就越响。同时，周围的群山间也会回荡起这种声音，听起来像牛群来了一般。

在湖北利川的腾龙洞内，有一座奇特的石壁，它是一个天然的浮雕长廊，中部有一段凹下去的金黄色花纹区，宽约1米。奇怪的是，当人们走到这块花纹区前，就能听到一种优美动听、气势非凡的"交响乐"；而人一离开，乐声就骤然消失。

◎ 美国佐治亚州的岩石发声带

在海南陵水黎族自治县境内，有一块奇特的"琴石"，只要用石头击打它，它就会发出动听的琴声。"琴石"约有一张桌子那么大，边缘有8道向外突出的棱，用石头自下而上敲击突出的边缘，可清晰地听到8个高低不一的音阶。

在美国的佐治亚州，有一片岩石会发声的异常地带。只要拿小锤敲击这里的石头，无论大石、小石或碎片，都会发出悦耳的声音，而且音色清脆。可是如果把这里的石头搬到别的地方去敲打，不管怎样敲，都只有沉闷的响声，与普通石头无异。

在南美洲的秘鲁，有一个会奏乐的洞穴。清晨，洞内会传出阵阵"琴声"，悦耳动听；中午变为"敲锣打鼓声"，热闹异常；傍晚则传出时高时低悠扬的"横笛声"。如果阴雨绵绵，洞穴内就会传出嗓音娇柔的"女声独唱"。

这些自然乐声现象说奇也不奇，其实都与岩体特异的构造和所处的环境有关。但是，它们都有着什么样的发声原理？令其发声的特殊构造是如何形成的？人们依然不得而知。

◎ 音乐岩洞

探索发现
DISCOVERY
& EXPLORATION

会唱歌的石头

重庆市丰盛镇有一条3千米长的响石带。这里的石头轻轻一摇，便会发出"沙沙"声，故名响石，美称"会唱歌的石头"。响石有两种：一种内含颗粒，称石响石；另一种内含液体，称水响石。

令人害怕的**山洞**

卡什库拉克洞里有什么诡异的事物让人害怕吗？
脉冲能影响人的心理吗？

在俄罗斯的西伯利亚地区，有一个叫卡什库拉克的神秘洞穴，凡是到这个洞来考察的专家，都有过一些令人震惊的经历：人一进入洞中，就会无缘无故地感到恐慌和害怕，然后慌不择路地冲向洞口。出来以后，人们往往不能解释自己为何会慌张逃跑。

卡什库拉克洞里到底有什么？人们为什么会在这里有如此惊慌失措、不正常的举动呢？为了探索这个奥秘，许多专家来到卡什库拉克洞进行考察。结果，人们对于在洞穴里发生的一切，描述的都大同小异。由此，有人怀疑洞里可能存在某种化学物质，它会让人产生某种幻觉。后来，有位探险家带着仪器进入山洞深处，他注意到磁力仪上出现了一股固定的低频脉冲。探险家认定，它就是使人心理和生理紧张的罪魁祸首。但这个脉冲是从哪里来的呢？探险家搜遍了山洞也未发现。他相信发出脉冲的装置就藏在山洞里。那么，这些脉冲信号究竟是发给谁的？又在起什么作用呢？这一切都找不到合理的解答。

🔺 从山洞望出去的景象

🔻 神秘洞的入口

钟乳石"开花"之谜

钟乳石是怎么形成的？
钟乳石会弯曲生长吗？

钟乳石是自溶洞顶部向下生长的圆锥或圆柱状碳酸钙沉积物。渗透水流入洞顶后因温度、压力的变化，二氧化碳散去，水中的碳酸钙因过饱和而析出形成钟乳石。开始它以小突起附在洞顶，后逐渐加长，自上而下生长，呈同心圆状。

白云洞坐落在我国华北平原与太行山余脉交界的崆山地区，面积约4600平方米。这个洞内的溶岩造型多样，富于变化，在北方已发现的溶洞中是绝无仅有的。洞内有笔直的石管、形态绮丽的牛肺状彩色石幔、石帘和晶莹如珠的石葡萄、石珍珠等，而其中最奇特的要数钟乳石"节外生枝"的"开花"景观。"节外生枝"的钟乳石是一个网状卷曲石，与普通的钟乳石不同，不是垂直向下生长的，而是凌空拐了一个直角向旁边生长，并且拐弯一段的前端比后端粗壮，看起来好像花开一样。钟乳石"开花"现象，在我国广东、北京等地的溶洞中也有出现。为什么会出现这种现象？这实在令人不解。

△ 溶洞里挂满了形态各异的钟乳石

◁ 钟乳石通常都是垂直向下生长的，能弯曲"开花"的很少见

预报天气的"气象石"

"气象石"是怎样预报天气变化的？
这一现象是石头"回潮"造成的吗？

平凡无奇的石头竟然有"知觉"，能感知天气变化，太不可思议了！其实，此类奇石在自然界还不在少数。

1988年，在重庆市石柱土家族自治县马武乡安田村，有人发现一块能准确预告方圆几十米

⊙ 马武乡的风光

内天气变化情况的"气象石"。长期以来，当地农民习惯以土法预测天气，耕田种地。有段时间，几位土家族农民常聚到一块石头上歇息聊天。偶然间，他们发现了身下这块石头的秘密——它的变干、变湿与天气变化有着极为密切的关系。当水珠汇集于石头表面的某一方向时，则预示那个方向将要下雨；水珠汇集于石头中部时，表明当地即将下阵雨；水珠布满整个石头表面时，预示着将要下大雨。更奇的是，每当石头表面潮湿变黑时，预示着阴雨连绵天气的来临；石头表面由潮湿转干并且发白时，就预示着久雨不晴的天气很快要结束了；若石头冒蒸汽，则是多云有雾、气温下降的预兆。

一般说来，石头在大雨来临前出现"回潮"现象很正常，但如此变化多端、能预报天气的石头实属罕见。

◁ 很多石头在雨天都有"回潮"现象

奇石杀人之谜

耶名山的东麓为什么让人感到恐惧？
1968年，地质勘察队在这里遭遇了什么？

在非洲马里境内，有一座耶名山，山上有一片茂密的大森林，林中有巨蟒、鳄鱼、狮子等许多凶猛的动物。然而在耶名山的东麓，却极少有飞禽走兽的踪迹。当地的土著居民对这个地方既恐惧厌恶，又极为敬畏。

◇ 奇怪的石头

1968年，地质勘察队队长阿勃率领6名队员进山工作。他们在山中发现并挖掘出一块重5吨左右的石头。这块巨石形如鸡蛋，上半部透着蓝光，下半部呈金黄色。队员们设法把巨石搬上卡车，准备运下山后再慢慢进行研究。可没一会儿，负责搬运石头的6名队员均感到浑身麻木，视线模糊起来，纷纷抽搐栽倒。队长阿勃没有动手搬过石头，状态还好点，他赶紧拖着开始麻木的身子，摇摇晃晃地走向山下，寻找救援。刚到山下，他就一头栽倒了。人们发现后马上找来了救援队，抢救出其他的队员，但无一人生还。

然而就在科学家们准备解开奇石杀人之谜时，那块"杀人石"却沿着陡坡滚下了无底深渊，这由此成为自然界的一个未解之谜。

◇ 形态各异的巨石

神奇的香味石

怎样才能让茴香石释放出香味？
茴香石的香味是从哪里来的？

在广西壮族自治区天峨县向阳镇平腊村板凤屯的一条山路上，有一块石头令人称奇，因为它能发出浓郁的茴香气味，所以被当地人称为"茴香石"。这块石头看上去跟普通石头差不多，重约2000千克，外表呈棕褐色，形状如圆锥，高1.3米，直径达1米多，埋在地下的部分也有1米多。

△ 自然界里的怪石很多，但像香味石这样的奇石却并不多见

游人到这里，只要在这块石头上连拍三巴掌，手掌上便会有一股奇特的香味，香味可存留约15分钟。但令人不解的是，如果用手掌只拍一两下，或超过三下时，手掌上就闻不到香味了。曾经有人不满足于现场体验，就动手敲下一块带回去。但令人遗憾的是，一旦石头离开它的母体，就再也散发不出任何香味。真是好奇怪的石头！

到底是什么原因让这块石头拥有了神秘的香味呢？为什么只能拍三下才出香味呢？据专家称，这应该是一种香味石，香味来自岩石中所包含的某种有机物。然而，对于具体是哪种有机物，为何拍三下才会释放出香味，都还是未解之谜。

◁ 石头的香味可能源自其所含的有机物

怪异的圆石球

圆石球的形态特殊在哪里？
圆石球在世界许多地方都能见到，这说明了什么？

△ 怪石球

在南美洲哥斯达黎加的一些森林沼泽地带，散布着许多圆球形状的石头，它们虽然大小不一，但表面各处的圆滑程度几乎完全一样，简直是非常标准的圆球。

哥斯达黎加的森林沼泽并不是世界上唯一发现石球的地方，德国的瓦尔夫格堡，埃及的卡尔加，美国的加利福尼亚州和新墨西哥州，新西兰的墨埃拉·鲍尔达海滩，以及我国山西雁北地区和新疆，都曾发现过神秘的石球。并且在一些火山附近，人们也发现过这类石球。

这些神秘的石球到底从何而来呢？有人说石球来自宇宙。也有考古学家称，它们是石器时代人类创造的工具，或是某种宗教的祭祀品。但大多数科学家对此提出异议，认为它们是大自然的天成之物。对于那些分布在火山附近的石球，有不少科学家认为，它们的形成可能与熔岩的热力作用有关。但这一解释还不足以服众，因为在绝大多数火山区都没有找到过石球。这些石球究竟从何而来，或者说它们的形成究竟需要什么样的条件，至今这仍是一个难解的谜。

▷ 哥斯达黎加的石球

屹立不倒的 **风动石**

风动石具有什么样的特征？
铜山风动石为什么能够斜立着不倒？

风动石是大自然最具有灵性的杰作，它像不倒翁一样，虽然经常在晃动，却能一直屹立不倒。

我国有好几处风动石，其中最著名的要属被称为"天下第一奇石"的福建东山岛铜山风动石。这块

△ 天下第一奇石——铜山风动石

风动石危立于海滨，高4.73米，宽4.57米，长4.69米，重2000多吨，外形像一只兔子，斜立在一块卧盘石上，但与卧盘石的吻合点仅有几厘米。每当海风吹来，强劲的气流会使风动石微微晃动，让人觉得它随时都会翻倒下来。可风停之后，风动石又恢复了原样。风动石不仅在风的吹拂下会摇晃，人力也能使其晃动。千百年来，这块石头经历了无数次地震、海啸、台风，仍安然无恙，不得不让人称奇。

它为何动而不坠呢？专家解释，上面岩石的重心落在下面岩石边缘的接触面上，接触面虽倾斜，却有几个接触点支撑着，而且上面大石的重心偏下，只会微晃而不会滚动。但这一精巧的构造又是如何形成的呢？至今无人说得清。

▽ 自然界里的奇石非常多见，风动石只是其中之一

真有夜明珠吗

自然界存在夜明珠这种特殊的发光矿物吗？
矿物发光现象与夜明珠有什么区别？

从古至今，历代的人常以爱慕、惊异、迷惑的心情谈论夜明珠，而古代一些文学作品和民间的一些传说，又给夜明珠抹上了一层神秘的色彩。相传，夜明珠是世界上极为罕见的夜间能发出强烈光芒的珍宝，我国古代民间又称之为"夜光璧""夜光石""放光石"。

△ 夜明珠会不会像水晶球一样呢？

夜明珠究竟是什么样的呢？据考古工作者称，至今还没有在地下发掘到真正的夜明珠、夜光璧、夜光杯等文物，因此关于夜明珠的有无和奇异性质，均无法确定。也有一些专家推断，传说中的夜明珠应该是几种特殊的矿物或岩石，它们是经过人工加工后才变成圆珠形的，当受到外界能量的刺激，如加热、摩擦、通电或受特定光照射时就会发光，即矿物的发光性。这几种矿物可能包含金刚石、磷灰石、重晶石、萤石、锆石和水晶等。然而这些矿物发光都只是短时现象，并受到特定条件的限制，与真正意义上能持久发光的夜明珠还有很大差距。到底有没有夜明珠呢？至今，这仍是一个尚未解开的谜。

▷ 什么样的玉石才算得上夜明珠呢？

香格里拉在哪里

传说中的香格里拉真的存在吗？
真正的香格里拉在哪里？

△ 在西藏传说中，布达拉宫
是前往香格里拉的入口

"香格里拉"的美名，来自美国作家詹姆士·希尔顿的传奇小说《失落的地平线》。书中详述了香格里拉——一个藏于西藏群山峻岭间的仙境，让栖身其中的人感受到前所未有的安宁。然而关于它到底在何处，人们一直争论不休。

有人推测，作者是以西藏古典传记中的世外桃源"香巴拉"为依据写成的，据称那里雪山环绕，天地纯净如水，黄金佛塔林立，处处宁静祥和。根据西藏传说，前往香格里拉圣地的入口，在布达拉宫的神殿之下。另有传说，香格里拉不在西藏，而在印度和巴基斯坦交界处的克什米尔地区。近年来又有人称，真正的香格里拉在云南的中甸，这里雪山环抱，天空碧蓝，泉水清澈，居民都是藏族同胞，而且他们始终认为自己居住的地方就是香格里拉。

神秘而又美好的香格里拉究竟在哪里？迄今为止还没有定论。

▽ 云南的梅里雪山也是一处
藏民心目中的香格里拉

跨越两大洲的**巨人脚印**

脚印能留在岩壁上吗？
巨人的脚印只在一个地方出现过吗？

1912年，一个探险者在南非距斯威士兰西部边界44千米的一处原始密林中，发现了一个巨人左脚的脚印，印在花岗岩壁上，脚趾和脚形十分清楚，像是有人赤脚踏入泥中，后来泥印经过干燥硬化后保存下来的。这个脚印虽已发现多年，但很久以来没人研究过它，因此不知道它是什么时候形成的。据当地的斯威士族居民说，他们最早的祖先在此定居时就有了这个脚印，但不知右脚印在何方。当地一位年纪最大的老人说，他父亲就对他说起过这个巨大的脚印。

△巨人脚印的尺寸比正常人的要大多了

这个谜还没有解开，人们又发现了新的谜。在亚洲斯里兰卡的科伦坡以东海拔2200米的亚当山顶上，有人发现了巨人的右脚印，也印在花岗岩上，而且与南非的那个左脚印大小和形状几乎完全相符，似乎是一对。这个巨人的双脚怎么能从非洲一步跨到万里之外的亚洲呢？它们是如何形成的？这成为了一个不解之谜。

▷巨人的左脚印留在了花岗岩石山上

不可思议的火山足印

尼加拉瓜的古人类足迹特殊在什么地方？
这些足印说明了什么？

19世纪，美国一个叫尼尔普列的医生，在北美洲尼加拉瓜西部马那瓜湖以南一个叫阿卡华林卡的地方，发现了一处神秘的古人类足迹遗址。整个遗址由两个石坑组成，一个为正方形，另一个呈长方形，坑深约3米，坑底为平坦整齐的石头，上面排列着一行行深浅不一的人类脚印，其间还夹杂着一些动物的足迹。这些足迹无论大小、深浅，都清晰可见，有的甚至连每个脚趾都看得清清楚楚，仿佛是人类在雨后的泥地上走过留下的。经专家考证，这些古人类的足迹距今已有6000多年的历史。

然而令人不解的是，这些脚印是如何留在坚硬的石头上的？考古工作者和科学家们经过分析和鉴定，得出如下结论：这里的石头是由附近火山喷发出来的岩浆冷却、凝固、硬化而成的，而这些脚印则是在岩浆还没有完全硬化之前留下来的。这太不可思议了！人们还在继续寻找答案。

◀ 明显的脚印痕迹　　　🔻 熔融状的岩浆温度非常高

能自己移动的**棺材**

哪种棺材莫名其妙地移动了？
棺材移动与磁场有关吗？

据说，在大西洋里的巴巴多斯岛上，有一处由珊瑚石垒成、水泥加固的大墓穴，墓穴里的棺材多次发生了移动。在第一次发现棺材被移动了的时候，墓穴主人的家族成员还以为是仇人的恶作剧，就将棺材放回原处，并在大理石门上加了锁和封条。可当家族里又有人去世，人们再次进入封条和大锁完好的墓穴时，发现棺材又被移得横七竖八了，由此猜测是棺材出了问题。

△ 墓穴

按照当地的习俗，富有人家的棺材通常都用厚厚的铅板包裹，十分沉重。可奇怪的是，这个墓穴里所有裹了铅板的棺材都移动了，而没裹铅板的棺材却一点儿没动。人们猜测这可能与磁场有关，但同样裹铅板的棺材在别处的墓穴内并没有移动。当地人觉得这里太怪异，就把棺材全都迁葬别处，给后人留下了一个不解的谜。

▽ 巴巴多斯岛

涌不完泉水的石棺

泉水的涌现与石棺有什么必然联系吗？
泉水是由渗透到棺内的地下水形成的吗？

● 石棺所在的小镇位于比利牛斯山区

在法国的比利牛斯山区，有个叫阿尔勒的小镇，镇上有个教堂，里面有一口制作于1500年以前的石棺，是用白色大理石雕成的。令人不解的是，从960年开始至今，这口石棺中常年盛满泉水。

据当地人说，960年时有一位修士从罗马带来两件皈依基督教的波斯亲王圣阿东和圣塞南的圣物，并将其放入棺内，此后便有一股清泉从棺内淌出，常年如此。有关专家前来进行考察发现，这口石棺的总容量还不到300升，而每年从这流淌出来的水却达500～600升。

1961年，两位法国工程师想揭开这个秘密，就对石棺泉水进行了一番研究，随后断言：泉水是由渗透入棺内的地下水、雨水等形成的。他们用砖木将石棺垫高架空，再在四周裹以塑料薄膜，又亲自守卫观察。

可是，泉水依然常流不止。事实否定了他们的推断。1970年，英国《泰晤士报》悬赏10万美金揭晓石棺之谜。

但30多年来，19个国家的100多位探索者均以失败告终。因此，石棺泉水为何能常流至今仍是一个未解之谜。

◀ 石棺

[第二章]

神秘莫测的水域悬疑

　　从太空中看，地球是个蓝色的星球，那是因为它表面积的71%是海洋。然而相对于熟悉的陆地环境，广大的水世界可以说是人类陌生的地方。在那深不可测的水下世界，多少惊心动魄的秘密依然藏而不露；在那谈虎色变的魔幻水域，令人惊悚的失踪事件仍在上演；在那些古怪灵异的岛上，不可思议的事情频频发生；还有那些形形色色的河湖，续写着水世界的神异……水世界这些悬而未解的疑团，将大自然神秘未知的一面尽情展现。

海洋形成寻因

地球表面的坑洼是怎样形成的？
海水是从哪里来的？

在地球这个蓝色星球上，构成其主体的海洋是如何诞生的呢？直到今天，科学界一直存在不同的看法。

有一种假说认为，地球是从炽热的太阳中分离出来的。地球刚形成的时候，还是一团熔融状的岩浆，但随着热量的逐渐散失，它冷却下来。由于表面冷却得快，首先形成一层硬壳，同时内部也逐渐冷却和收缩，结果在地壳下面出现空隙。在重力作用下，地壳便大规模下陷，相互挤压，形成许多裂缝。于是岩浆从裂缝中涌出，引发火山爆发和地震。涌出的熔岩填满裂缝，并冷却，地壳由此变厚。那些高耸的部分就成为陆地，那些低陷的部分就成为海洋。

还有一种假说认为，地球在形成过程中，将自己的一

🔺 蓝色的海水

🔻 海边的人以海为生

部分甩了出来，形成了月球，于是地壳上留下了一个大窟窿，这就是现在的太平洋。月球诞生时，地球所经历的震动极其强烈，使得尚未完全凝固的地壳其余部分张裂开来，出现巨大的裂隙，于是大西洋和印度洋也形成了。

另有一种学说认为，地球最初就是一团冷凝的固态物质。早期地球的引力会吸引周围的固态物质，使其以极高的速度与地球相撞，使得地球表面变得坑坑洼洼，因此出现了高山和海洋。

当然，上述三种观点所描述的海洋还只是一个干涸的"海洋"，里面并没有水。至于海水的来历，科学家们也见解不一，有的认为是来自地球内部矿物所蕴藏的"初生水"，也有人认为是外星体如彗星带来的。目前，"初生水"之说较为流行，其主要观点为：伴随着地壳运动，喷涌而出的熔岩带出了大量的水蒸气、二氧化碳，水蒸气形成云层，产生降雨。经过很长时间的降雨，在原始地壳的低洼处不断积水，便形成了最原始的海洋。

第四种观点则是1912年德国科学家魏格纳提出的"大陆漂移学说"，他认为今天的海洋是地球板块分离和最早的泛大洋分裂形成的。

看来，有关海洋形成之谜的问题，还需进一步探索。

◆ 地球是一个主要由水构成的蓝色星球

探索发现
DISCOVERY & EXPLORATION

彗星也是多水的吗

彗星的质量非常小，绝大部分集中在彗核上。彗核由凝结成冰的水、二氧化碳、氨和尘埃微粒组成，是个"脏雪球"。彗星富含水，因此被认为极可能是地球生命及海水的发源地。

海盐来自何方

海水中的盐是自海洋形成以来就有的吗？
海盐的来历与火山喷发有关联吗？

⌃ 有观点认为，原始的
酸热海洋就是咸的

海盐的来历和海水起源的问题一样，始终是学术界的难题。直到今天，人们对这一问题的探讨也没有停止过。绝大多数科学家认为，海水中的盐主要有两个来源：一是盐为海洋中的原生物。在地球刚形成时，矿物随火山喷发喷出，再随雨水汇集到最初的海洋中。后来，由于可溶性盐类的不断溶解，海水逐渐变咸。二是河流把冲刷泥土和岩石所溶解的盐分带到大海之中。据估计，全世界每年从河流带入海洋的盐至少有30亿吨。

20世纪70年代后，人们从新发现的海底大断裂带上的热液反应中，似乎找到了新证据。断裂聚热使海水所溶解的盐量比经河川携带的盐量大数百倍。但是，这一发现并没有最终解开海盐来源之谜，仅说明这是海盐来源的一个途径。看来，海盐来源的问题还有待于继续探索。

⌄ 人们正在利用海水提取食用盐

海水会**越来越咸**吗

海水的咸度是在一点点增加吗？
海水的含盐量是多少？

▲ 全球海洋盐度分布

海水的含盐量很高，平均每1000克中含35克盐。有人估算，把海水中所有的盐分都提取出来铺在地上，可铺153米厚。

那么，海水会不会随着时间的推移而变得越来越咸呢？有科学家认为，海洋形成后，由于雨水不断地冲刷岩石和土壤，并把岩石和土壤中的盐类物质带入江河，随水流进大海，使海洋中的盐分不断增加。与此同时，随着海洋水分的不断蒸发，盐分逐渐沉积，天长日久，盐会越积越多，于是海水就变得很咸了。按此学说推论，随着时间的推移，海水会越来越咸。

有科学家不同意上述看法，认为海水的含盐量自形成以来就没有发生过很大变化，尽管海水中的盐类会越来越多，但随着可溶性盐类不断增加，有些盐会析出沉入海底，于是海水的咸度就能保持平衡了。

看来，海水是否会持续变咸，还有待于进一步的探索。

▽ 海水盐度变化需经历一个漫长的过程，短期内很难做出判断

地球深处藏 "海洋"

地球深处的"海洋"是指什么？
为什么地球深处会含有如此大量的水？

我们都知道，地球的大部分水体都在地壳之上，然而近日有专家称地球内部藏着"海洋"。这一观点让人震惊。

美国科学家迈克尔·维瑟逊和耶西·劳伦斯在对地球内部深处扫描时发现，在东亚下面存在着一个巨大的水库，其中的水量至少相当于一个北冰洋，也可能胜过北冰洋。这是人类首次在地球深处的地幔下面发现如此巨大的水体。这些水体均被禁闭于地表以下700～1400千米的岩石之中。

△ 有人说，地下"海洋"位于地幔层内

他们分析了60多万份地震波资料，这些资料是通过分布在世界各地的仪器收集起来的。他们注意到，在亚洲大陆下面的一个地区，其地震波表现出了减弱的现象，而且速度也略有减慢。他们解释说，水可以稍微减慢地震波的速度，地震波大量减弱和速度稍微减慢正好与预测那里存在着水非常匹配。

地球深处为何会含有如此大量的水呢？专家表示，探测到这个地下水体的区域其实并不是真正的大洋，而是含有

◁ 陆地上的水体，除了冰川外，还有江河湖泊及地下水

◁ 地下岩体中的水为结晶水，与
地面上的游离态水不一样

探索发现
DISCOVERY
& EXPLORATION

地球的内部构造

地球在构造上具有同心圆的结构，最外面一层是地壳，平均厚33千米；地壳下面是地幔，又称中间层，介于地壳和地核之间，厚2900千米左右；地幔以下是地核，半径约3500千米。

水分的岩石，岩石的可能含水量不到0.1%，但从这一区域的大小来判断，仅仅这0.1%的水量累计，也足够达到巨大的程度。

英国布利斯托尔大学的地质学家认为，该项发现有助于推进有关在地幔之中锁存有多少水的争论。但他又说直到现在，大部分人仍坚持认为在地幔中没有多少水，其依据是：当地壳的某个地方发生裂隙，地幔上部的物质就会喷出地表，形成火山。如果正如美国专家所推测的那样，在地幔层发现大量含有水分的岩石，那么在地下高温、高压的情况下，岩石中的水必然会蒸发出来形成气体，且"无孔不出"地在地面形成温泉、汽泉等自然现象。但是这一现象在东亚地区却很难看到。

的确，地震波的衰减与很多因素有关，不仅仅是地下水，还有不同性质的岩石、过渡层等，因此东亚地区的地下是否真正含有美国专家所推测的含水岩石区还需要进一步研究。

❤ 地幔对流令地下水体移动

海平面是平的吗

海平面为什么不是平的？
是什么在影响海平面的高低？

　　海水是液体，在重力的作用下，由高处向低处流，构成一个大洋的平面，称为海平面。按理说，风平浪静，海水应在一个水平面上。但实际上，各大洋的水面是高低不一的，如在印度洋斯里兰卡旁边的洋面比起其他大洋的洋面高100米，冰岛附近的洋面比其他大洋的洋面低65米。

　　为什么海平面不平呢？研究者分析后认为，致使海平面不平的因素很多。例如，涨潮、落潮、风暴和气压高低等因素，使海平面始终不能归于平静；海底地形的不同，也决定了海平面的不平。一般来说，海底是山脉的地区，其海平面就比其他海域高一些；海底是盆地的地区，其海平面就比其他海域要低一些。有时海平面的高低还与海岸附近的巨大山脉或山脉构成物质的积聚有

◀ 远远望去，海平面似乎是平的

关。物质积聚可使海平面产生引力弯曲，从而使水从一个地区流向另一个地区。

　　事实上，海洋水体的运动非常复杂，像海流、地球自转、海陆分布等因素是否也影响海平面，还有待科学家们进一步探知。

◀ 海底复杂多样的地形会影响海平面的高低

大洋中真的有 **陆桥** 吗

不会飞也不会游的同源生物是如何远渡重洋的？
"陆桥说"是一个猜测的理论吗？

在很早以前，人们就注意到，远隔重洋的两个大陆有着非常相似甚至完全相同的动物或植物。这些既不会飞又不会游的同源生物是如何远渡重洋来到大洋彼岸的呢？于是有人提出了"陆桥说"，认为大洋中曾存在过一些狭窄的、好像桥一般的陆地，称为陆桥，只是后来地壳变动，陆桥被海水淹没了。

△ 图片中大陆与大陆接近的浅色区很可能就是人们所说的陆桥

现在，我们可以根据一些分散的小岛和水下高桥找到陆桥的踪迹。诸如，亚洲与北美洲之间的白令海峡，最深处只有52.1米。澳大利亚与新几内亚岛之间的托雷斯海峡，最浅处仅14米。

人们早就推测，在第四纪冰期最盛期，由于大量的水结为冰，海平面很可能比现在低100米。因此不难设想，那时的各大洲均可通过陆桥连成一片，相互沟通。当然，事实是否真的如此，目前还无法证实。

▽ 靠着海岸的浅海区在远古时期会不会就是陆桥呢？

红海会是未来的大洋吗

红海在不断扩张吗?
人们关于红海会成为大洋的推想能成立吗?

红海是地球上最年幼的海,位于非洲大陆与阿拉伯半岛之间。它犹如一个"婴儿",有着许多新生的特征。科学家们通过对海底调查发现,红海的洋壳非常薄,一条海槽纵贯中轴,上面遍布活动的新火山。

根据板块理论,在2000万年前,非洲大陆与阿拉伯半岛是连在一起的,红海是这两个板块漂移和彼此分离的结果。红海首先形成了北部。在距今300万~400万年前,红海中轴地壳发生张裂,海水入侵,出现亚喀巴湾及其南部海区。其后,海底继续扩张,裂谷不断拓宽,中轴处新生的洋壳不断将古老的岩层向两侧推移。目前,红海仍在分离,扩张速率为每年1~1.5厘米。照此发展下去,那么2500万年后波斯湾就会消失,而沙特阿拉伯将与伊朗碰撞在一

▲ 从卫星上拍摄的红海

起,红海将成为世界第五大洋。这会成为现实吗?许多人持怀疑态度。因为红海海底扩张只能证实洋壳板块构造运动存在,而这只是研究海洋扩张的一种依据,还不能武断地说红海会变成大洋。

▶ 红海中的珊瑚

罗布泊是怎样消失的

罗布泊曾经是一个湖泊吗？
罗布泊的消失与湖泊迁移有关吗？

根据史书记载，很久以前，罗布泊曾经有汪洋一般的湖水。历史上，罗布泊面积最大时为5350平方千米，然而后来它却在慢慢变小，到1931年时仅为1900平方千米，至1972年完全干涸，成为一片戈壁。

在罗布泊发现的太阳墓

为揭开罗布泊消失之谜，长期以来，无数中外探险家深入罗布泊考察。有人认为，是罗布泊人砍伐树木造成的环境恶化，使湖泊趋于消失；也有人认为，罗布泊是个会迁移的湖，当它移动到沙漠地带时，湖水便被沙漠吸收了。近年来，我国科学家对罗布泊进行了深入的考察，对罗布泊迁移的说法提出了质疑。他们认为，罗布泊干涸的原因很复杂，不仅受全球气候干旱的影响，而且与地域特点有关，除此之外也不排除人为因素。专家们关于其消失成因的模糊说法，使人们对罗布泊这个幽灵般的湖泊感到更加迷惑了。罗布泊，何时才能揭开你神秘的面纱？

罗布泊现已成为一片荒漠

大洋锰结核形成之谜

锰结核矿只存在于海底吗?
众多金属元素是如何富集到一个核上的?

锰结核

锰结核是沉淀在大洋底的一种矿石，大量存在于世界各大洋之中，它表面呈黑色或棕褐色，多为球状或块状。这种矿产富含锰、铁、铜、镍、钴等多种金属元素，加之每块矿石中往往都有一个由生物骨骼或岩石碎片构成的核，故名锰结核。锰结核最早是在1873年2月，由英国深海考察船"挑战者"号在加那利群岛西南海面进行海底取样时打捞出来的。

虽然人们花了很多时间去研究锰结核，然而其成因至今仍是个未解之谜。关于锰结核构成元素的来源，目前有四个推测：陆地风化的岩石释放出元素，它们被海流带到大洋中；来自海底火山的喷发物；由富集微量金属的浮游生物尸体分解而来；落入海洋的宇宙尘埃分解出金属元素。这些元素在海洋中通过各种渠道和不同的搬运方式，来到具备形成锰结核的核上，经过漫长的岁月，形成了结核，最后成为大小不等的锰结核矿石。关于锰结核的沉积地点和生长机理，目前仅建立在假说阶段，且众说纷纭，有待深入研讨。

锰结核矿有希望成为
新一代矿物原料

间歇泉 间歇喷发之谜

世界上最神奇的间歇泉是什么？
间歇泉喷发与地下的岩浆活动有关吗？

间歇泉是一种热水泉，这种泉的泉水不是从泉眼里不停地喷涌出来的，而是一停一溢，好像憋足了一口气，然后才狠命地涌出来。间歇泉喷发时，泉水可以喷射到很高的空中，形成几米甚至几十米高的水柱。世界上最壮观的间歇泉多分布于冰岛、新西兰和美国的黄石国家公园内。其中最神奇的要属黄石国家公园内的"老忠实"间歇泉，它每隔40多分钟就喷发一次，上百年来从未间断。

间歇泉为什么喷喷停停呢？带着疑问，科学家们进行了探索。他们发现，适宜的地质构造和充足的地下水源是形成间歇泉最根本的因素，能量来自地壳运动比较活跃地区的岩浆活动，另外还要有一套复杂的供水系统来连接一条深泉水通道。深泉水在底部被加热，沿着狭窄的通道上升，当水柱底部的蒸汽压力大于上部的气压时，水柱就被顶出地表。至于有些间歇泉为什么能够定时喷发，定时"机关"是什么，目前还不是特别清楚，还有待进一步研究。

❤ 黄石国家公园内的"老忠实"间歇泉　　　▶ 冰岛的盖锡尔间歇泉

危害重重的 "红色潮水"

赤潮的发生机理是什么？
人们为什么还不能防治赤潮？

澄澈碧蓝的大海有时会突然变得面目全非，那蔚蓝色的海面上泛起片片红潮，好似铺上了一层红毡子。这是由于水域中一些浮游生物暴发性繁殖而导致了水色异常，主要发生在近海海域，称为赤潮。

有专家认为，赤潮产生的主要原因是海洋受到有机物的污染。此外，由于城市排放的大

▲ 赤潮暴发使海水变成红色

量污水和来自农田含有化肥的废水最终都汇集到大海，给海洋带来大量营养物质，主要包括生物可利用的氮、磷、碳等。由于海水中营养物质过剩，一些浮游生物，如夜光藻、腰鞭毛虫等急剧繁殖，从而引发赤潮。浮游生物从急剧繁殖至死亡，整个过程要大量消耗海水中的氧，由此导致海水缺氧，大量鱼类因窒息而死亡。

赤潮对海洋生物构成了极大的威胁，然而目前人们却无法有效地对其进行防治。这是因为赤潮的成因相当复杂，需要对赤潮生物繁殖的生理特性及海洋环境等做深入研究。我们相信，在不久的将来，人类定能找到防治赤潮的方法。

◀ 除红色外，有的赤潮是绿色的，也有黄色的和棕色的，这与水体所含的赤潮生物不同有关

生死未卜的死海

死海的湖面在不断下降吗？
死海最终会不会消失呢？

死海位于西亚南端，湖面海拔为－392米，是世界上陆地的最低点，有"地球肚脐"之称。它是一个典型的盐湖，湖水的盐度比一般海水要高8.9倍。在这样高盐度的湖水中，不仅鱼虾活不了，甚至连植物也无法生长。

⊙ 死海风光

由于死海海水的蒸发量远大于注入量，再加上这个地区常年干旱少雨，所以湖面的高度正以每年0.5米的速度下降。为此，人们很关注死海的前途和命运。有人认为，死海不断地蒸发浓缩，湖水会越来越少，在不久的将来肯定会干涸，它是"死"定了。也有人认为，死海并非是没有前途的死水，相反前途无量，是未来的世界大洋。持这种观点的人是从地质构造的角度考虑的。他们认为，死海位于著名的叙利亚—东非大断裂带的最低处，而这个大断裂带正处于幼年时期，还会不断扩张，这样终有一天死海会变成海洋。从人们的争论来看，死海的生死存亡仍然是一个难解之谜。

⊙ 死海岸边析出的盐

"海底风暴" 之谜

海底也会发生与陆地上类似的风暴吗？
"海底风暴"发生时会出现哪些现象？

△ 人类在探索神秘
的海底世界

发生在20世纪30年代的偶然事件，揭示了洋底不并寂静。当时，横跨大西洋连接欧美大陆的数条海底电缆被依次切断，人们这才意识到洋底也存在"风暴"，割断电缆的"元凶"是浊流。后来人们发现，浊流其实是深海中一种比较普遍的现象，它的流速可达40～55千米/小时，最远可流动上千米。

最初，人们以为浊流只局限在有明显坡度的海区，而随后的研究发现，在没有明显坡度的深海海底也有浊流，流速可达 5 厘米/秒。通过海底照相，在5000米深的海底可以看到它所产生的波痕。通常这种水流比较稳定，但有时会突然增强，最大底层流速可达 40 厘米/秒，导致突发性的海底沉积物搬运，因此被称为"海底风暴"。"海底风暴"可以使洋底淤泥泛起，"风暴"所经过之处，无论是动物、植物，还是礁石和海底通讯电缆，都会被掩埋在沉积层之下，能量之大实属罕见。

"海底风暴"是怎样产生的，为什么如此激烈？科学家们对此感到迷惑不解。

◁ 看似平静的海底随时都可
能暴发"海底风暴"

"亚热带逆流"成因之谜

什么是"岛影"？
夏威夷群岛是怎样影响"亚热带逆流"的？

◥ 岛屿可以形成"岛影"效应

20世纪60年代，日本科学家宇多道隆和莲沼启一发现，在中国台湾以东、日本列岛以南的海域有一股由西向东的"亚热带逆流"，但他们无法解释这股海流的形成机制。2001年，由中、日、美三国科学家组成的联合研究小组发现，在夏威夷群岛以西存在着一个长达3000千米的巨大"岛影"，并证实这就是形成该海域"亚热带逆流"的原因。

三国联合研究小组在分析由日、美两国发射的"热带降雨观测卫星"所获得的观测数据时发现"岛影"，即太平洋风吹过夏威夷群岛时被高达四五千米的山脉遮挡后形成的云层和弱风带。科学家说，在"岛影"的影响下，由亚洲至夏威夷群岛的一股长8000千米的海流出现。同时"岛影"也能解释"亚热带逆流"的形成。

"岛影"能解释许多海流的流向问题，但美中不足的是，这一理论的研究目前才刚刚开始。

◢ "亚热带逆流"带来的潮水引来了众多的鱼儿

海底"绿洲"

海底"绿洲"是哪一年被发现的？
是什么创造了海底"绿洲"？

▲ 浅海海底与深海海底有很大的差异

有人把深海区比作"沙漠"，因为那里被认为是生物的禁区。然而，这一传统观念却因一次发现受到了挑战。1977年，法国科学家乘坐"阿尔文"号深潜器在太平洋上的加拉帕戈斯群岛水下裂谷附近考察时发现，深海底部竟聚集着一个由大量巨贝、蠕虫、蟹和其他生物组成的群落。

1979年后，科学家们邀请海洋生物学家再次光顾这一区域，不仅在深海底部找到了两年前发现的生物群落，还新发现了几个由生物群落组成的"绿洲"。

这一个个深海"绿洲"是怎样形成的呢？海洋生物学家提出这样一个假说：海底裂谷喷涌的热泉造就了这一奇迹。热泉使周围海水的温度从0℃升到12～17℃。在温热和高压的条件下，喷泉喷涌出的硫酸盐变成了硫化氢，这种物质成为某些细菌新陈代谢的能源，于是细菌在喷泉口附近迅速繁殖，而这又成为较大型生物维持生命的营养物，如此造就了海底"绿洲"。然而不足的是，这种解释只是假说，要完全揭开谜底还有待进一步的探索。

▼ 大洋中脊处喷出的热泉遇冷后会析出大量矿物质

巨浪会杀人吗

杀人浪有传言中那么可怕吗？
制造杀人浪的能量来自何方？

大海深处隐藏着太多的秘密，杀人浪的传言就是其中之一。现有气象理论认为，即使在最恶劣的暴风雨中，海浪也不会高过10米。然而有数据表明，海上平均每周有两艘大型船只在风浪中突然沉没。

> 海水遇到礁石后激起高大的浪花

为了验证"巨浪杀人"的传言，欧洲宇航局2000年启动了"大海浪计划"，用两颗地球扫描卫星ERS-1和ERS-2对海洋进行扫描测量。数据显示，3周中，在世界不同海域发现了10个超过25米的巨浪，其中一些巨浪高度竟接近30米。这说明可以摧毁一切船只的杀人浪确实存在。

频频制造海难的元凶——杀人浪，到底是怎样形成的呢？这个问题让科学家感到困惑。有理论称，波浪及风向都朝向强大的洋流时，会抬高水面；另有观点称，在某种特定条件下，波浪会变得极不稳定，并能从附近的波浪中捕捉能量，迅速组成一个巨大的杀人浪。争论还不能揭示真相，不过杀人浪肯定会激发人们研究海洋科学的兴趣。

> 巨大的浪花可摧毁一切

死亡海——百慕大三角

> 百慕大三角海域为什么被称为"魔鬼三角区"？
> 关于事故频发的成因最终有定论吗？

提起大西洋上的百慕大三角海域，或许没有几个人不知道吧？它是以美国的佛罗里达半岛南端为一点，与加勒比海的波多黎各和百慕大两点连成的一个想象中的三角区域。据说，在这里航行的舰船和飞过的飞机经常会莫名其妙地失踪，事后也无法查到失踪的原因。据统计，已有数以百计的船只和飞机在这个地区失事，数以千计的人丧生，事故发生率比在世界上其他任何一个地方都多。所以，那些专门从事海洋和航空事业的人，一提起百慕大就恐惧极了，称它为"魔鬼三角区"。

百慕大三角是一个难解的谜。然而正因为它的神奇，才会有这么多人去探索它的奥秘。最初，人们认为船舶之所以会出事是由于触礁。但根据探测，百慕大海区的海底山脉并不高，所以触礁的可能性基本上不存在。

◀ 百慕大群岛上的居民热衷于航海，并不惧怕那些传言

◀ 百慕大三角海域神秘莫测，据说那里常出现怪事

海洋下沉涡流能把
船吸入海底

后来，人们又将事故频发归罪于百慕大海域恶劣的天气。百慕大三角海域天气变化很剧烈，飓风频繁，所以轮船和飞机在此失事就不足为怪了。不过，人们并没有足够的证据证明，轮船和飞机失事完全是因为恶劣的天气。

于是，又有人提出"次声说"。次声是频率低于20赫兹的声波，人耳根本听不到，但它却有极大的破坏力，足以使船身破碎、飞机解体、人员死亡。强烈的爆炸、火山爆发、强烈地震、风暴、雷电等现象都可以产生次声。百慕大三角海域复杂的地形及特殊的自然环境，更是滋生次声的温床，所以这种说法也并非没有道理。

还有人认为，百慕大三角海域存在一种反旋风和下沉涡流，是它们将船舶、飞机卷入或吸入海底的。

众说纷纭的观点远不止于此，甚至还有人提出相反的看法，他们认为这些奇特的失踪现象彼此间并无联系，因而否定百慕大三角的存在。

看来，百慕大三角的谜还有待后人继续努力去求解。

探索发现
DISCOVERY
& EXPLORATION

可怕的次声

次声是一种低频率的声音，人耳听不到。其穿透力极强，在空气中能以1200多千米的时速传播，可使人烦躁不安，精神沮丧，甚至癫狂。低于7赫兹的高强度次声对人有致命的危害。

像这样的海底沉船，在百
慕大三角海域还有很多

惊人的海洋大漩涡

海面漩涡是怎样形成的？

悉尼海面的大漩涡有什么特殊表现吗？

通常，海洋漩涡是不同来源的水流交汇引发的，这些水流有各自不同的温度和流速，当它们相互撞击在一起时，便产生了壮观的漩涡。

2007年3月14日，澳大利亚海洋学家宣布他们发现了一个巨大的冷水漩涡，这个漩涡位于距悉尼96千米处，直径长达200千米，深1千米。漩涡的

△ 海洋漩涡

边缘为一个巨大的发出微光的飞沫带，中间是一个呈漏斗状的黑玉色水墙，水墙飞速旋转，并不停地摇摆，同时发出令人惊骇的声响。它所产生的巨大能量将这个地区的海平面几乎削低了1米，而且改变了这个地区主要的洋流结构。它所携带的水量超过了250条亚马孙河的水量！

然而令人困惑的是，当你从一个视角观察它时，它似乎很平静，但当从另一个角度观察时，它又显得非常狂暴。如果巨轮在它上面航行，尽管水面看起来似乎很平静，但巨轮却在晃动。

对于这个巨大的漩涡是如何形成的，目前科学家还无法解释。但由于它的存在会影响航海，因此人们可以通过卫星对它进行监控。

◀ 漩涡开始在海面上形成

奥克兰岛的神秘海洞

"格兰特将军号"是怎样发生船难的?
"格兰特将军号"沉船后,有幸存者吗?

◇ 海洞引起的翻涌
潮水引来鱼群

1886 年 5 月 4 日,"格兰特将军号"载着旅客和黄金、皮革、羊毛等货物,从澳大利亚的麦尔邦港扬帆起航,准备驶往英国伦敦。

开始,"格兰特将军号"稳稳地行驶着,然而在到达新西兰南部的奥克兰岛附近时,一场可怕的灾难发生了。在风平浪静的天气里,海岛近岸的大海好像突然张开了大嘴似的,露出一个大海洞,顿时把"格兰特将军号"卷入一股强海流中。在海流的推动下,"格兰特将军号"撞岸了,在海洞口慢慢下沉。船上的人见状,吓得纷纷跳海逃生。可是,那个大海洞好像有一股巨大的吸引力,一下就把跳到海里的人吸了进去,只有 4 个人侥幸逃脱。

"格兰特将军号"沉船的消息传开后,一批批好冒险的人组成探险队,到奥克兰群岛寻找海洞和沉船上的财宝。不过他们从此也一去不返。这又是怎么回事呢?难道说,大海为保住自己的秘密,把那个大海洞藏起来了吗?

▷ 海洞会不会是海底的特殊地形造成的?

珊瑚岛是怎样形成的

珊瑚岛全部是由珊瑚虫造出来的吗？

为什么太平洋中的很多环礁呈线状排列？

△ 珊瑚岛

在碧波万顷的大海中，有一些绚烂多彩的岛屿，它们就是珊瑚岛。珊瑚岛形态多样，有岸礁、堡礁、环礁之分。

关于珊瑚岛的形成、来历众说纷纭。通常，人们认为珊瑚岛是由珊瑚虫的骨骼堆积成的。在热带、亚热带浅海区，生活着很多小型腔肠动物——珊瑚虫，它们能分泌出石灰质的外骨骼，以保护自己柔弱的身体。珊瑚虫死后，它们的后代在这些遗骨上继续繁衍，天长日久，日积月累，就形成了各种各样的石灰质珊瑚丛，珊瑚丛再发展壮大，便形成了珊瑚岛。然而其中的疑点是，珊瑚虫只能生活在深度在60米以内的热带浅海，而海洋的深度却有几百米甚至几千米，珊瑚虫不可能直接在那么深的海底生活造礁。这又如何解释呢？

1836年，英国博物学家达尔文在东印度洋

△ 环礁

△ 岸礁

▷ 堡礁

上的可可岛（环礁）考察时，提出了关于火山岛下沉造成环礁的假说。1952 年，美国在埃尼威托克环礁试爆氢弹后钻孔达 1287 米深时，发现了火山岩基底，使达尔文的假说得到了初步的证实。但是，这一假说无法在所有的环礁上得到证实，特别是火山的沉降无法说明大多数环礁中的湖一般水深不超过 100 米的原因。

▲ 环礁的形成

后来，加拿大裔美籍科学家戴利提出了"冰川控制论"。他认为，第四纪的数百万年中发生过多次冰期，冰期终止后，海水温度回升，海洋环境适宜珊瑚虫的大量繁殖，珊瑚虫便在一些岛屿和大陆边缘的台地上迅速生长起来。随着海平面逐渐上升，珊瑚礁也不断地向上发展，于是环礁和堡礁从台地边缘增长起来。

然而，科学家们很快发现，太平洋中的很多环礁是呈线状排列的。例如，夏威夷群岛中的库尔岛、中途岛等珊瑚礁呈西北—东南排列。这又是怎么回事呢？"板块学说"的解释是：在板块与板块之间的活动地带存在着一些"热点"，它是火山活动的中心，从中涌出的岩浆形成火山岛。火山岛形成后，随板块一起移动并逐渐向下俯冲，引起火山岛的沉降，在沉降中环礁逐渐形成。可是板块为什么会"动"呢？这一解释也不能令众学者满意。看来，要解开珊瑚岛的成因之谜，还有待进一步研究。

探索发现
DISCOVERY & EXPLORATION

珊瑚岛的特点及分布

岸礁呈长条状，主要分布在巴西海岸及西印度群岛；堡礁距岸较远，呈堤坝状，最有名的是澳大利亚东海岸外的大堡礁；环礁多呈环状，主要分布在太平洋的中部和南部，且呈群岛状分布。

会移动的**岛屿**

为什么大多数岛屿不能够移动？
布比岛向哪里移动了？

▲ 会悄然移动的布比岛

　　岛屿本是高出海面的海底山峰的一部分，因此应该和山峰一样，屹立在那里岿然不动。可是，有人在南极附近的大西洋沿岸发现了一个会移动的海岛，它就是布比岛。

　　1739年，法国旅行家让·巴基斯特·布比乘船航行在大西洋沿岸时发现了布比岛，并将它的方位准确地标注在海图上。后来，人们曾经好几次登上布比岛，还在岛上建了一个气象站。近年来，有几个挪威科学工作者登上了布比岛，把气象站维修一番。随后，他们拿出测量仪器，再次测量了一下该岛的位置。谁知测量结果却出乎意料：岛目前的位置跟海图上标明的位置完全不一样，它向西移动了大约2千米。难道是海图上标错了位置？这不太可能，海图应该是正确的，因为这么多年来人们一直使用它，凭它登陆布比岛。那么，是布比岛自己移动了位置吗？科学家们对布比岛进行了一次又一次的分析、调查，但始终也没有弄清楚布比岛为什么会移动。

◀ 大多数岛屿都是不会动的

令人惊悚的 "吃船岛"

塞布尔岛的奇怪之处在哪里？
在获救海员的描述中，"吃船岛"是怎样"吃"船的？

在加拿大东海岸北大西洋中有许多岛屿，其中有座塞布尔岛，能"吞食"来往的轮船。据当地人说，在过去的几百年中，这儿一共沉没了几百艘轮船。然而奇怪的是，这里沉船多并不是因为这儿是险滩，也不是因为这儿经常出现台风、暴雨等恶劣天气，更不是因为有冰山等。那么，到底是什么原因呢？

1967年，从法国开往加拿大的轮船在塞布尔触岛沉没，只有一位海员获救。据他称，船快到达加拿大时，突然所有仪器都失灵了。水手们开足了马力，可船却一动不动。接着，船向小岛滑去，并慢慢下沉，最后完全沉没。他当时抱住了一块木头，拼命往岸边游，但总觉得背后有一股巨大的力量死死地扯住他。幸运的是，他终于爬上了海岸，被救援直升机救走。

从海员的讲述中，我们或许可以发现些什么。难道说岛有非常强大的磁力？但为什么对直升机不构成威胁呢？海岛为什么唯独"吃船"？这至今仍是个谜。

▼ "吃船岛"晚景

▶ "吃船岛"岸滩上的尸骨

谁在操纵"旋转岛"

"旋转岛"具有什么样的特征？

"旋转岛"的自转周期与地球的自转周期有什么相同点？

1964年，从西印度群岛传来了一件令人吃惊的奇闻：一艘海轮上的船员，发现这个群岛中的一个无人小岛，竟然会像地球自转那样，每24小时旋转一周，并且每天都在按同一方向做有规律的自转，从来不会出现任何反转的现象。这可真是一件闻所未闻的怪事！当

▲ 神秘小岛

时，这座岛被茂密的植物所覆盖，处处是沼泽泥潭。岛很小，船长命令舵手驾船绕岛航行一周，只用了半个小时。

这件奇闻使人们兴趣大增，有些人听说后还纷纷到岛上察看。他们一致认为是小岛本身在旋转，至于旋转原因，谁也说不清楚。有人推测，这个岛是一座冰山，浮在海上，随着海潮的起落而旋转。但是这种推测不能很好地解释成因，因为别的冰山小岛也都"浮"在海上，为什么就不能自行旋转？那么到底是什么原因致使小岛能够自行旋转呢？看来，这些问题只能留待科学家们去深入研究了。

▼ 海上的神秘小岛很多，至于是否旋转，还需要细致观察

[第三章]

虚虚实实的迷幻气象

气象就是下雨、出太阳、刮风、降雪等天气变化，它时刻左右着我们的生活。在古人看来，这些复杂的天气现象是鬼神在作怪。而今天，我们不仅了解了某些现象的本质，还能通过天气预报，安排好应对天气变化的措施。当然，自然界的气象内容太丰富了，真真假假，虚虚实实，远比我们所了解的要复杂。像六月飞雪、龙卷风、晴空坠冰、绿色阳光等，都还是一个个未解之谜，正等待着人们去一一破解呢！

空气来源之谜

行星是怎样形成的？
大气与生命形成有关系吗？

	容积(%)
氮	78.084
氩	0.934
二氧化碳	0.032
氖	0.0018
氦	0.00052
甲烷	0.0002
氪	0.0001
氢	0.00005
氙	0.000008
臭氧	0.000001
其他	
氧气	20.946

▲ 现今空气的组成

我们每天生活在空气里，呼吸空气。空气来自哪里？是怎样形成的？到目前为止，这些问题还没有得到完美的解释，所有结论均来自人们的推测。

据专家们推测，行星是由一大团气体和尘埃旋转形成的。地球在形成之前与其他行星一样，主要由90%氢、9%氦组成，其余为少量的氖、氧等。大量气体物质在地球收缩凝聚过程中被裹入内部，后来由于火山爆发又被释放出来，其中的氢不是燃烧了，就是由于密度太小而逃逸，氦、氖也一样消失了。剩下来的气体由于密度较大，再加上受水蒸气凝结的影响来不及逃逸，形成了大气，包裹在地球表面。这些剩余的气体为水蒸气、氨、甲烷和少量的氩。

由于受太阳射线的辐射，大气中的水蒸气又分解成氧和氢，氢又逃逸了，仅剩下氧。氧与氨化合生成氮和水，与甲烷化合生成二氧化碳和水。氮和氧的出现，为生命的诞生和孕育发展做出重要的贡献。

◀ 广阔的天空为大气所覆盖

气候会一直变暖吗

气候变暖是由温室效应增强引起的吗？
未来的气候会不会由暖变冷呢？

　　近几十年来，全球气候和环境发生着急剧变化。统计数据表明：自1860年有气象仪器观测记录以来，全球年平均温度升高了0.6℃。由此可见，全球气候的确在变暖。

　　大多数学者把气候变暖的原因归结为人类活动，即人类向大气中排入大量二氧化碳、甲烷等温室气体，致使温室效应增强。

△ 地球变暖使南极冰川不断融化

▶ 烟囱排放出来的气体加强了温室效应

由此，大多数人都认为，温室效应会越来越明显，地球会越来越热。他们估计，在21世纪结束前，地球的平均气温还要上升5.8℃。

　　另有一些学者持反对意见，认为未来气候会变冷，这与冰期到来有关。他们指出，"温室效应说"并没有解释历史上温室气体减少和气候由间冰期转为冰期的原因，并没有给出全球变暖到何时为止的大致时间，这与地球气候历史不相符合，因此不能以此预测未来的气候变化。

　　由此看来，气候是否会一直变暖，在目前还不能下定论。

▽ 由于温室效应的存在，地球就好像被罩起来一样

龙卷风之谜

哪个国家发生龙卷风的次数最多？
龙卷风是如何形成的？

▲ 卫星拍摄到的龙卷风风眼

龙卷风外貌奇特，其上部是一块乌黑或浓灰的积雨云，下部是下垂着的形如大象鼻子似的漏斗状云柱。它来去匆匆，每年使数万人丧生。

全球每年平均发生龙卷风上千次，其中美国出现的次数占一半以上，亚欧与大洋洲也是龙卷风多发区。所以，各国对龙卷风的研究都很重视，但龙卷风之谜一直未能被彻底解开。

龙卷风的"脾气"极其粗暴，它所到之处吼声如雷，好像飞机机群从低空掠过。这可能是由于气流涡旋的某些部分风速超过音速，从而产生小振幅的冲击波。龙卷风的风速究竟有多大呢？人们还无法测定，因为任何风速计都经受不住它的力量，会被摧毁。据估算，龙卷风的风速达到50～150米/秒，极端情况下甚至可以达到300米/秒或超过音速。

超强的风能可产生无穷的威力。当龙卷风的漏斗状旋涡直径为200米时，旋流产生的功率可达3万兆瓦，相当于10座大型水电站的总发电量。1896年，

◀ 呼啸而来的龙卷风扫过大地，卷起层层碎片

美国圣路易市发生过一次龙卷风，使一根松木棍轻易穿透了一块1厘米左右厚的钢板。1919年，发生在美国明尼苏达州的一次龙卷风，使一根细草茎刺穿了一块厚木板。

关于龙卷风的成因，有专家解释说，它与局部地区受热引起上下空气强对流有关，但强对流未必一定产生"真空抽水泵"效应似的龙卷风。苏联学者维克托·库申提出了龙卷风的内引力——热过程的成因理论：当大气变成像"有层的烤饼"时，里面很快形成暴雨云，大量已变暖的湿润空气朝上急速移动，与此同时，附近区域的气流迅速下降，形成了巨大的旋涡。在旋涡里，湿润的气流沿着螺旋线向上飞速移动，内部形成一个稀薄的空间，空气在里面迅速变冷，水蒸气冷凝。这就是为什么人们观察到龙卷风像雾气沉沉的云柱的原因。

▶ 龙卷风形成示意图

然而问题又来了，在某些地区的冬季或夜间，没有强对流或暴雨云时，龙卷风依然发生。这又该如何解释呢？看来，要解开龙卷风之谜还需时日。

探索发现
DISCOVERY & EXPLORATION

龙卷风的古怪表现

龙卷风有许多行为令人难以捉摸。例如，它捣毁房屋，把碗橱从一处刮到另一处，却未打碎碗橱里的一个碗；它将吓呆的人抬向高空，又平安送回地面；它拔去鸡一侧的毛，却留下另一侧的。

◀ 龙卷风袭击过的地区一片狼藉

臭氧洞为何只现身南极

臭氧洞是长期存在的吗？
为什么破坏臭氧的物质会聚集到南极上空？

臭氧洞指地球上空的臭氧层因臭氧含量大幅度减少而形成的空洞。每年的8月下旬至9月下旬，在20千米高的南极大陆上空，臭氧总量开始减少，10月初出现最大空洞，面积达2000多万平方千米，覆盖整个南极大陆及南美洲的南端，11月臭氧才重新开始增加，空洞渐趋消失。

臭氧可使地球生命免受有害的太阳辐射，它的缺失对全球气候和环境的影响较大。专家推测，导致臭氧洞形成的原因是人类大量使用作为制冷剂和雾化剂的氟利昂。然而令人奇怪的是，大部分氟利昂都是在人类活动相对较集中的北半球中纬度地区释放到大气中的，而受影响最大的区域却在南极。这是什么缘故呢？

南极臭氧洞是由许多因素的巧妙配合才得以形成的，至于为什么现身南极而不是北极，专家推测，这是因为北极没有极地大陆和高山，气象条件不像南极那么复杂，形成不了大范围强烈的"极地风暴"，所以不易产生像南极那样大的臭氧洞。南极臭氧洞的形成机理相当复杂，因此，目前的理论推测还不能清楚地解释它为什么会首先现身南极。

◀ 近年来的臭氧洞（蓝色区域）

空中杀手——下击暴流

下击暴流是怎样影响飞机飞行的？
下击暴流是如何产生的？

1985年8月2日晚上6时05分19秒，美国德尔塔-191
航班客机正在飞行，雨点猛烈地袭击着驾驶舱。两秒钟
后，飞机突然因失去了控制而坠毁。事后，专家经过多方面
调查分析，查出了伸向191航班的无形杀手是下击暴流。
从国际上多次影响航空飞行安全的事件来看，下击暴
流，特别是微下击暴流，已成为国际航空业的一大灾害。

⚊ 飞机在下击暴流的作
用下很容易失控

下击暴流是一种呈辐射状从雷雨云中冲向地面并迅速向四周扩散的
下冲气流，它就像悬在空中向下喷洒水流的巨型水龙头，可产生强大的
向下气流，使飞行中的飞机就像狂风中的树叶一样，被抛上抛下而失去
控制。当气流直冲地面时，气流转变成向外扩散的水平风，力量也大得
惊人，能够拔树掀屋，破坏力不亚于龙卷风。

雷雨和冰雹是诱发下击暴流的重要条件。但关于下击暴流是怎样形
成的、有什么规律，目前还不明确，仍处在研究之中。

⚊ 容易出现下击暴流的天气

奇异的六月飞雪

> 六月飞雪的现象真的存在吗？
> 什么样的气象条件才会导致六月飞雪出现？

一提起"六月雪"，人们自然想起元代杂剧家关汉卿的名作《窦娥冤》中的情节：窦娥蒙冤被斩后，血溅白练，六月飞雪，三年大旱。

事实上，现实中确实发生过六月飞雪。1947年6月4日，莫斯科气温骤降，上午天上还飘着毛毛细雨，下午毛毛细雨就变成了片片雪花。

1981年6月1日，山西管涔山林区普降大雪，厚达25厘米。1987年农历闰六月二十四，上海市区飘起了小雪花。同年6月5日，河北张家口地区降了一场大雪，最低气温降至 - 7℃。

为什么会出现不可思议的"六月雪"呢？依据天气动力学理论分析，"六月雪"多半是由夏季高空较强的冷平流搅动引发的。最近，也有专家认为，"六月雪"的产生，很可能与可导致气候异常的太阳活动、洋流变化、火山爆发等因素有关。高空冷平流是夏季高温气流和特殊原因导致的高空寒流相互交汇而形成的，但其产生条件比较特殊和偶然，目前还无法确知。

◁ 六月飞雪可不是虚构的事

形形色色的怪雨

奇怪的动物雨是谁的恶作剧？
"石头雨"的奇怪之处在哪里？

下雨本是极寻常的自然现象，但有些雨却很奇异。1940年，在苏联高尔基地区的一个村庄，伴随着电闪雷鸣、急风暴雨，突然从天上降下无数的银币。1949年，在新西兰沿岸地区下过一场"鱼雨"，几千条鱼伴着暴雨同时由天而降，撒满大地。1960年3月，法国南部的土伦地区竟从天降下无数只青蛙。此外，天降"龙虾雨""海蜇雨"等也屡见不鲜。

这些骤然看来不可思议的现象，有些其实是龙卷风的恶作剧。

然而，有些怪雨则不那么容易解释。1973年，两个美国男子碰上了"石头雨"，可奇怪的是"石头雨"一直追着他们的汽车不放。他俩只好躲进路旁的小店等"石头雨"过去。没想到他们刚一出门，石头就掉了下来。

更难以解释的是，怪雨的成分都很单一，一般只掉同一类东西，而且没有其他东西夹杂其间。因此，人们不禁要问，难道龙卷风也会挑选东西吗？看来对于怪雨，人们了解的还不够。

⚠ 怪雨是从哪里来的呢？

⚠ 鱼雨

黑夜彩虹

月虹与日虹有什么明显差别吗?
月虹是怎么形成的?

天上的彩虹,一般都是在雨后天晴的时候出现,但也有一些虹,却是在夜深人静的夜晚"偷偷"出现,被气象专家称为月虹。

1984年9月11日晚,辽宁省新金县普兰店镇在经历了一阵小雨之后,天空放晴,一轮圆月高挂天空,人们纷纷走出家门,在院子里谈天说地。晚8时左右,有人惊奇地发现在西方的半空中出现了一条弧形光带,从南伸向北,色彩虽不太分明,但仍可分辨出其上层的淡红色和下层的淡绿色。人们忙打电话向气象局咨询,经过专家确认,光带便是极为罕见的月虹。月虹持续了大约5分钟后,便渐渐消失了。

月虹是如何形成的呢?最初,人们并不了解它,后来才渐渐得知,它是一种罕见的大气光象。月虹的形成原理与日虹相同:在明月夜,如果大气中悬浮着大量小雨滴,当月光照射到雨滴上时,就会出现虹。由于月光比日光弱得多,所以月虹也比日虹暗淡,多呈白色,难以被人们发现。能分辨出色彩的月虹则极为罕见,形成条件苛刻。

◀ 月虹多在月光较强的圆月之夜出现

▼ 雨后天晴出现的日虹

不可思议的晴空坠冰

多米尼克家的屋顶是怎样塌陷的？
从天而降的冰块被专家确认为陨冰了吗？

1958年9月2日夜，在美国新泽西州麦迪逊市，多米尼克·巴西哥路普正待在家中，突然屋顶在一声轰响中塌陷下来。他吃惊地发现，一块大约32千克的巨冰砸穿了屋顶。当晚并没有暴风雨，巨冰是从何而来的呢？

⬢ 奇怪的冰块来自哪里呢？

类似的晴空坠冰事件在世界许多地方都有报道。2000年1月10日，在西班牙南部塞维利亚省的托西那市，一块重达4千克左右的大冰块轰然落在两辆轿车上，顷刻间将车顶砸得稀烂；12日，在西班牙，又有一块重约2千克的大冰块击穿了穆尔西亚省一家酒吧的屋顶。

这些从天而降的大冰块究竟是什么？来自哪里？有人说，冰块是从飞机上掉下来的。也有人说，冰块是降下的大块冰雹。但事实表明，当时天上既没有飞机经过，也没有明显的天气变化。于是又有人提出，冰块是来自太空的陨星，但专家们并没能确认它就是陨冰。因此，天降奇冰至今仍是一个谜。

▶ 奇异的蓝冰

闪电家园

当人走入"闪电家园"时，会有什么异常？
闪电频繁光顾同一地区，到底出于什么原因？

在俄罗斯中部，有一块名为格罗莫维什的旷野，雷电经常会光顾那里，使这块旷地有了"闪电家园"的称谓。

在"闪电家园"，除闪电发生率很高之外，异象也不少。例如，有时旷地上会出现奇怪的光，它就像探照灯发出的光，直指天空。据说，当人走进这块旷地时，心情会立刻变低落，心跳会加快，血压也会升高。

❤ 明亮的闪电划破天空

这些奇特的现象引起了科学家们的兴趣。经过研究，他们把这一切归因于此地的电阻过低，这样在空气放电时会更容易发生闪电。而此地的电阻之所以低，他们推测是因为此处有暗藏的水源或金属矿藏。有趣的是，这种说法在盗墓者那里得到了某种程度的印证。据说，某些盗墓者专门挑雷雨天来此地，查看闪电击中最多的山丘，待雷雨过后就沿着被雷电击出的土沟向下挖，结果真的挖出了金子。

雷电频繁光顾的原因难道是因为有暗藏的水源或金属矿藏吗？这还需进一步研究。

闪电的"魔法"

人被雷电击中后都出现了哪些怪异现象？
出现这些怪异现象与哪些因素有关？

与自然界许多事物一样，闪电也会制造很多怪异的事，好像会魔法一般。例如，许多被闪电击毙或震昏的人往往会失去毛发，头顶全秃。还有一些场合，闪电烧毁了人的衣服，却没有灼伤人的皮肤。

更神奇的是，在法国某个小城，闪电把站在一棵树下躲雨的三名士兵击毙了。他们死时仍站着，看起来好像什么事也没发生似的。雷雨过后，行人上前同他们搭讪，不小心触碰了一下他们的身体，结果三具尸体顿时倒地，化为一堆灰烬。

还有，在1980年的一天晚上，印度一位患白内障双目失明的老人正在家里坐着。突然一声炸雷，他感到脑子震动了约4分钟才恢复正常。第二天早上，他醒来时却发现自己已重见光明了。

这些怪现象该如何解释呢？有科学家推测，这与雷电发生时的高压放电、大气等离子的形成及温度、湿度等众多因素有关，可能还有磁场参与。但对于具体是如何作用的，他们就无法说清了。

▶ 雷电放电时，其能量可以传到地面

▶ 闪电很可怕，会给城市带来灾难

假日之谜

1985年，绥化市上空出现了怎样的天象奇景？
假日的形成与什么有关？

1985年1月3日11时左右，在黑龙江省绥化市上空出现了"五个太阳"的天象奇景。当时天空被一层绢纱似的薄云笼罩着，太阳光盘呈火红色，边缘为金黄色。太阳周围有一个46°晕和一个时隐时现的22°晕，两侧各有两个"小太阳"，一个白色大半圆光环把这四个"小太阳"和中间的大太阳贯穿起来。四个"小太阳"非常明亮，闪烁着彩色的光辉。在22°晕和46°晕的北部，还各有一个与晕相切的、凸向太阳的彩弧，两弧都为内蓝外红。

△ 日晕

天空为何会出现"五个太阳"呢？其实这是气象学上的假日现象，其中的太阳只有一个是真的，其余都是假的。假日是阳光通过不同形态的冰晶所形成的光亮点，这种光亮点往往对称出现，有时可多达七八个。由于对光线进出冰晶的位置和冰晶的形态要求比较严格，所以假日现象比较罕见，多假日的情形就更为罕见了。各种假日形成的光路与冰晶形状的关系十分复杂，目前人们还不是特别清楚。

◁ 假日是大气中的冰晶物质造成的

变幻莫测的 地光

为什么地震时会产生地光？
只有地震才能引发地光吗？

地光这一奇异的自然现象常与地震同时发生，因此被看成是地震的先兆。地光没有统一的特征，有的蓝里带白，很像电焊火花；有的红如朝霞，映满天空；有的好似一团火球，沿着地面翻滚；有的像条光带，划破长空……地光的出现大多与地震同时，但也有在震前几小时和震后短时间内看到的。

◎ 照亮森林的神秘之光是地光吗？

地震时为什么会产生地光呢？有人认为，地震时地面上的空气在一些因素的作用下发生了放电现象，由此产生了发光现象。也有人认为，这是地震时岩石摩擦造成的。

不过，有专家认为，不是所有地震都会出现地光；同样，有地光出现也不一定就会发生地震。在我国广西壮族自治区隆安县附近有座小山，从20世纪80年代中期开始，每年冬季山上就会发出环状的光芒，然而人一走到山脚下，它就不见了。由此看来，地光产生的原因相当复杂，不能一概而论。

▷ 通常，人们认为地光是地震的先兆

探索"天再旦"

"天再旦"是一种什么样的自然现象？
除了日食，还有什么因素可导致"天再旦"现象发生？

"天再旦"，顾名思义就是天亮了两次，实指白天突然变暗的现象。据我国史书记载，这一现象在战国时期就曾出现过。到20世纪末，美国科学家通过计算机模拟计算，发现那是日食造成的。

⊙ 晴空突然变暗了

然而，现今人们也发现许多既不是由日食也不是由龙卷风引起的"天再旦"现象。例如，1980年5月19日上午10点，美国新英格兰垦区突然天地昏暗，好像进入茫茫黑夜一般，这一怪象一直持续到第二天黎明。类似的例子还有很多。

这种神秘的黑暗从何而来？科学家对此众说纷纭，有的说与天外星球来客有关，它们从地球上方穿过，造成地球上某些地方出现暂时的黑暗；有的猜测是微型黑洞造成的，它们经过地球上空时，就把附近的阳光"吞食"掉了。关于这一异象尚无定论。

◀ 火山爆发时会出现类似的情况

▼ 日落时分天变暗了

绿色阳光奇观

> 绿色阳光通常在什么时候才出现？
> 阳光色散出来的绿色为什么能被人眼看到？

　　1976年7月20日黄昏，波兰帆船"晨星"号驶入萨摩亚以西的海域时，有个舵手看见天边有道耀眼的好像绿宝石发出的绿色光芒，但时间非常短，大概只有几秒。据称，在埃及和亚得里亚海沿岸，几乎每天日出和日落时都可以看到绿光。

△ 阳光的色散原理

　　专家解释说，太阳光是由红、橙、黄、绿、青、蓝、紫七种单色光组成的，它在地平线附近射向大气层时发生色散，因红光波长最长，折射角最小，所以随着落日最先没入地平线，接着没入地平线的是橙光、黄光，这时还剩下绿光、青光、蓝光和紫光。由于青光、蓝光和紫光的波长比较短，穿越大气层时会被大气中的尘埃散射，从而变得微弱，人眼几乎观察不到，只有绿光还比较强，能够到达人眼，并且显得格外耀眼夺目，由此形成"绿色阳光"的奇观。

　　理论上的确如此，可现实中绿色阳光非常罕见，它在什么样的气象条件下才会出现呢？没人说得清。

▽ 绿色阳光只出现在日出或日落时分

无名怪火

什么是"马特利现象"？

"马特利现象"的引发原因是什么？

从远古时代起，人类就和火结下了不解之缘。然而，火在给人类带来光明和温暖的同时，也会造成灾难。在沙特阿拉伯腹地的哈迪岩村，居住着一位叫拉西德·马特利的牧羊人。1986年的一天中午，他家一间用羊毛制成的小毡房突然起火，他和妻子一起把火扑灭。可第二天，一间内屋又莫明其妙地起火了。马特利觉着奇怪，立即跑去报告村长。当村长赶到时，大火已烧掉了3间屋。后来，马特利在专家的建议下搬了家，然而新家同样又遭遇了奇怪的火灾，而且他放在汽车里的一件衣服也无缘无故地自燃了。马特利家的怪火奇事一下子出了名，这种莫名其妙燃烧的现象也被命名为"马特利现象"。

类似"马特利现象"的事例还有很多，不仅中东有，世界其他地方也出现过。很多科学家在研究了"马特利现象"之后，认为是人体所带的高强静电在释放时引起了怪火。也有人称，是一种易燃烧的"燃粒子"引发了原因不明的燃烧。但这些都仅仅是假说，"马特利现象"向现代科学提出了挑战。

◀ 无名怪火引燃了房屋

◀ "马特利现象"常被用来解释一些原因不明的燃烧

[第四章]

古怪奇妙的生命谜团

　　地球这个神奇的星球不仅拥有绚丽的自然风光，还孕育出了复杂多样的生物。同样，生物界也充满了各种各样的待解谜团，例如，发生在史前时代的生命起源、大型哺乳动物灭绝等，来历不明的"肉团"和星星冻，植物界的吃人植物、植物血型、植物自卫等，动物界的集体自杀事件、奇妙冬眠、海洋动物变性等，以及让人困惑已久的鸟类迁徙谜团，蝗虫大暴发后的隐情等。总之，在这一章里，我们可以领略到自然界中绝大部分古怪而又充满奇趣的生命谜团。

寻找 生命 诞生的线索

地球上的生命是怎样起源的？
什么样的环境才能造就生命？

在浩瀚的宇宙中，地球是一颗独特的星球，一颗由生命塑造的星球。然而，在大约46亿年前地球刚刚诞生之时，这里却是一个被火山熔岩和有毒气体包裹，被陨星无情撞击的死亡之地。那么，生命最终是如何在地球上出现的呢？

▲ 古老的埃迪卡拉生物化石

千百年来，人们一直在试图破解这一谜底，学者们也提出了各不相同的见解，其中"化学起源说"是被广大学者普遍接受的生命起源假说。这一假说认为，地球上的生命是在地球温度逐步下降以后，在极其漫长的时间内，由非生命物质经过极其复杂的化学过程，一步一步地演变而成的。

"化学起源说"将生命的起源分为四个阶段：

第一个阶段，从无机小分子生成有机小分子的阶段。原始地球形成之后火山活动频繁，其喷发出来的气体形成原始大气。原始大气的主要成分

◀ 呈热熔融状态的原始地球

有机分子

氮

氨

二氧化碳

甲烷

△ 原始生命在海洋里出现

是甲烷、氨、水蒸气、氢等，它们在宇宙射线、闪电等作用下，一部分很偶然地合成了有机小分子，如氨基酸、单糖等。1953年，美国科学家斯坦利·米勒模拟原始地球大气，进行放电实验，证实了这一点。

第二个阶段，从有机小分子生成生物大分子。这一过程是在原始海洋中发生的。氨基酸、核苷酸等有机小分子经过长期积累，相互作用，在适当的条件下形成了原始的蛋白质分子和核酸分子。

第三个阶段，从生物大分子组成多分子体系。关于这一点，苏联学者奥巴林提出了团聚体假说。他通过实验表明，将蛋白质、多肽、核酸和多糖等放在合适的溶液中，它们能自动地浓缩聚集为分散的球状小滴，这些小滴就是团聚体。奥巴林等人认为，团聚体可以表现出合成、分解、生长、生殖等生命现象。

第四个阶段，有机多分子体系演变为原始生命。这一阶段是在原始的海洋中形成的，但目前人们还不能在实验室里验证这一过程。

除"化学起源说"外，"热泉生命说""天外起源说"等生命起源假说也纷纷被提出。看来要想破解这个亘古难解的谜团，只有期盼更新、更权威的研究成果出现。

▷ 前寒武时期的细菌化石

探索发现
与
DISCOVERY & EXPLORATION

生命证据

地球最古老的沉积岩距今有38亿年，而最早的生命证据是西澳大利亚的Warrawoona微生物化石群，距今已有35亿年。这表明，地壳形成后不久，生命就出现了。

寒武纪生命大爆发

寒武纪生命大爆发真的存在吗？
为什么在寒武纪以前的地层里缺少动物化石？

▲ 寒武纪时
的海洋

大约在5亿年前寒武纪开始时，绝大多数无脊椎动物在短短的几百万年内出现，其化石大量出现在寒武纪地层中，而在寒武纪之前更为古老的地层中却找不到动物化石，这一现象被称作"寒武纪生命大爆发"，简称"寒武爆发"。

这一被称为古生物学和地质学上的悬案，一直困扰着学术界，吸引着无数古生物学家和进化论者去寻找证据，探讨其起因。目前，学术界有两种观点：一种观点称，寒武爆发是一种假象，造成化石缺档的原因可能是没有发现，或是被地层的热与压力作用销毁；另一种观点称，寒武爆发是生物进化过程中的真实事件，由于大气含氧水平提高及臭氧出现，引发生物大发展。然而，后一观点却遭到了地质学家的否定。他们称，在距今10亿~20亿年之间的沉积层中含有大量严重氧化的岩石，这说明在寒武纪前就已存在生命爆发的氧条件。由此看来，只有随着化石的不断被发现及新理论的建立，这一谜团才可能真相大白。

◀ 寒武纪时的动物

最先登陆的植物是什么

苔藓被认为是最早陆生植物的原因是什么？
目前对于最早登陆的植物的看法有几种？

地球上最早的生命都生活在海洋里，后来才逐渐移居陆地，陆地上才有了植物。可是，人们对于哪种植物最先登上陆地却看法不一。

有人认为，最先登陆的是裸蕨类植物，理由是它们有维管束，可以输送水分到各个部位，供叶片进行光合作用和蒸腾作用。他们把有无维管束作为判定标准。

也有人认为，最早的陆生植物应该是苔藓。他们认为，陆地上最早的植物比较原始，不一定非有维管束，像苔藓体内已经有了保护生殖细胞的复杂有性生殖器官——颈卵器与精子器，其能发育成胚，胚才是陆生植物的特有表征。

△ 有人认为苔藓是最早登陆的植物

还有人认为，最先登陆的植物是藻类。持这种观点的人着眼于植物的光合作用。科学家们已从藻类中发现叶绿素、岩藻黄素、藻红素和藻蓝素等多种光合色素，其中绿藻门类植物所含色素的种类及组成比例与陆地植物的比较一致，由此推论它们是最早的登陆植物。

▶ 蕨化石

然而，每种假说都有不足之处，要想揭开谜团，还需更有力的证据。

◀ 蕨类植物

93

生物向两性进化之谜

世界上存在多性别的生物吗？
多数生物为什么只有两种性别？

大自然孕育了生物，生物在进化过程中慢慢地出现了性别。从理论上讲，一种生物可以有多种性别。事实上，有种黏液霉菌就有13种"性别"。但这些多性别的物种很稀有，大多数物种都只有雌性和雄性两种性别。

◆ 变形虫等低等动物采用原始的分裂生殖方式

这一现象提出了一个进化方面的神秘问题，如果地球生物有100种性别，并且可以与其中任何一种物种交配，那么地球生物在其周围的环境中找到伴侣的几率将达到99%。既然两种性别大大降低了物种延续的概率，那么生物为什么大多还只有两种性别呢？

最初，有科学家认为，地球上的生物之所以只有雄雌两性，是因为大约20亿年前生物曾经遭受到细菌的感染。近年来，有人提出了一种比较合理的解释，认为这是基因组在"争斗"过程中进化妥协的结果，两性生殖方式可以减少突变发生。真实的原因到底是什么呢？这还有待于人类进行深入的研究。

◀ 企鹅是典型的两性生物

二叠纪生物 灭绝 之谜

二叠纪生物灭绝造成哪些后果？
全球变暖能够使如此众多的生物灭绝吗？

　　根据化石记录，地球曾发生过5次大规模的生物集群灭绝事件，其中最严重的是2.5亿年前二叠纪末期的生物灭绝事件。在那次事件中，约有70％的陆生物种和超过95％的海洋物种消失。陆地上原本繁盛的两栖类、爬行类和昆虫等几乎消失殆尽，海洋中的无脊椎动物和珊瑚等也损失惨重，其中三叶虫全部覆灭。

　　科学家们对大灭绝事件感到迷惑不解，纷纷推测原因。最初，他们认为是小行星撞击地球所致。后来，有地质证据显示，二叠纪末发生过大规模的火山爆发，火山爆发释放出大量有毒气体，同时使气温上升，对全球气候造成影响。但专家们经过计算发现，虽然如此大规模的火山爆发可令气温上升5℃左右，使许多物种消亡，但绝不至于毁灭95％，要达到这一水平，温度起码得升高约10℃。于是又有人提出，海底冰冻的甲烷因升温而逐渐释放，又使海洋升温5℃，这足以使绝大多数生物灭绝。事实果真如此吗？还有待继续研究证实。

△ 二叠纪时的杜味螈化石及其复原图

▷ 在二叠纪之前的石炭纪，地球上的生物生长得异常繁盛

三叶虫之谜

三叶虫是什么时候全部消失的?
为什么发现三叶虫化石的地域会如此广阔?

三叶虫生活在古生代的海洋中，被认为是最早称霸地球的生物，诞生于大约5亿年前的寒武纪，是寒武纪里最多的动物，约占化石保存总数的60%。然而，它们却在2.5亿年前二叠纪末的生物大灭绝事件中全部消失。

△ 三叶虫遭板足鲎攻击

三叶虫与虾、蟹同类，属于节肢动物，体形不大，数量众多。它的身体背面是坚实的骨骼，称为背甲；腹部很柔软，长有两排细长的脚，像今天的虾一样。由于它的背甲分为3个部分，看上去就好像3片并排的叶子，所以被称为"三叶虫"。

三叶虫的生活方式不尽相同，有漂浮在海水表层的，有生活在不同深度海水中的，也有在海底爬的。由于它们的生活方式多种多样，所以在不同层面的海水中都有它们的踪迹。它们的地理分布极为广泛，其化石不仅在亚洲许多国家，甚至在大洋洲和南极洲都有发现。

但是，为什么像三叶虫这类较高级的无脊椎动物会这样早就大量出现在地球上？后来又为什么会全部灭绝？至今这些问题还没有得到圆满的解答。

◁ 三叶虫化石

笔石之谜

笔石是一种石头吗？
大的笔石体长可达几米以上？

▲ 各种各样的笔石

笔石可不是石头，而是一种早已灭绝的海洋动物。笔石化石通常保存的状态是压扁了的炭质薄膜，很像铅笔在岩石层面上书写的痕迹，因此才被叫成"笔石"。

▶ 笔石化石

笔石出现于4.5亿多年前的中寒武纪，繁盛时期曾遍布全球，数量远远超过了其他生物。然而到了3亿多年前的早石炭世末期，它们就全部灭绝了，留下许多待解之谜。

笔石的形态十分奇特，有的呈树状，有的像展翅的大雁，有的像张开的弓，还有的像网兜。笔石的大小差异悬殊，大的体长可达2米以上，小的只有约1毫米。它们这么大的形态差异让许多学者感到迷惑不解。现在活着的生物，没有一种像笔石，因此至今都没有人能确切地说出，笔石属于哪类动物。另外，关于笔石如何繁殖，吃什么，什么生物是它们的天敌，为什么灭绝等一系列问题，科学家也没有完全研究清楚，需要进一步探索。

🔽 早期的海底生物

笔石

大型哺乳动物 为何灭绝

全新世时期地球上为什么会有那么多大型哺乳动物？
是什么原因导致了大型哺乳动物的消失？

　　我们现今的世界，与1.3万年前最后一次大冰期中的祖先们所处的环境相比，可以说是"太荒凉"了，因为很少看见体形庞大的动物。在那个时代，不论是在非洲，还

△ 始祖象

是在欧洲、亚洲或美洲，以采集狩猎为生的古人常常可以看到多种体形非常巨大的哺乳动物，例如：猛犸象、巨鹿、毛犀牛、穴熊、河狸兽、箭齿兽、骆驼兽、剑齿虎等。而今天，这些庞然大物都已经从地球上消失，替代它们的却是体形相对较小的动物。这是怎么回事呢？

　　有专家推测，在恐龙绝灭之后，地面上的哺乳动物少了争夺食物的竞争对象，因此形体变得越来越庞大。而这些动物最终也为此付出代价——在始于约5万年前、终于约1万年前的全新世物种大灭绝中相继消失。是什么原因造成这种情况发生的呢？多数研究者认为，可能是大冰期末期的气候剧变引起的，也可能是由遍及各大陆的致命掠食者——人类造成的。真相到底如何，科学界仍众说纷纭。

◁ 大懒兽的骨架

谁使猛犸象消失了

猛犸象和大象有什么相似之处？
会不会是病毒导致猛犸象灭绝？

猛犸象生活在北半球的第四纪大冰期时期，距今有300万年到1万年。其身高约5米，体重10吨左右，由于身披长毛，可抵御严寒，所以它们一直生活在高寒地带的草原和丘陵上。猛犸象不仅与现在的大象非常相似，还和现在的大象拥有着共同的祖先。然而令人奇怪的是，大象一直繁衍到了今天，猛犸象却灭绝了。是什么原因令猛犸象灭绝了呢？

◯ 冰冻的小猛犸象尸体

最初，人们认为猛犸象是因为气候变化才逐渐灭绝的。伴随着猛犸象化石的不断发现，有学者注意到，有的猛犸象被肢解了，有的骨头被砸开了，有的身上少了肋骨，他们由此推论：猛犸象遭遇了人类的大规模捕杀。可是，当时的人类可以以马、骆驼和一些小动物来维持生计，为什么要冒险去攻击庞大的猛犸象呢？人为原因似乎解释不通。后来，在猛犸象的遗骨里，专家发现一些猛犸象有过生病的迹象。这么看来，很可能是一种能在象群中传播的疾病，使猛犸象的数量迅速减少。如此看来，要揭开猛犸象灭绝的秘密，还需更多的证据。

▶ 猛犸象遭到原始人的攻击

哪里来的**星星冻**

星星冻是一种什么样的东西？
星星冻来自哪里？

在威尔士方言里，"星星冻"的意思是"来自星星的腐烂物"，它描述的是，当奇怪的亮光或流星似的物体从天空飞过之后，落在地面上的胶冻状物质。早在1541年，就有人描述过星星冻。以后类似的目击事件时有报道。

▲ 星星冻与燕窝一样，是鸟的呕吐物吗？

1819年8月13日晚，一个火球从天而降，落在美国马萨诸塞州阿默斯特市一户人家的院子里。第二天早上，这家主人在院里发现了一摊奇特的物质，呈棕色，掀开外壳后露出柔软的部分，并有恶臭。不久，那东西变成血红色。有人把它收集到玻璃瓶里。两三天后，那东西消失了，只剩下一层深色薄膜，用手轻轻一捏，薄膜立刻化为灰烬。

最初，人们认为星星冻是落入地球的星际残余物。后来，科学家们认为星星冻与星星没有关系，而是鸟类的呕吐物。植物学家却称那是一种念珠藻。另有学者认为那可能是一种凝胶状菌类。然而目前的解释均无法令人信服，星星冻的来源仍是个谜。

◀ 星星冻会不会是生长于腐木间的真菌？

奇怪的"肉团"

"肉团"是一类什么样的生物？

"太岁"与怪"肉团"是同一种东西吗？

近几年来，我国各地不断有报道称，发现了奇怪的
"肉团"，这究竟是怎么回事呢？1992年8月，陕西周至
县一个农民无意中从河里捞出一团像肉的东西，它呈黄褐
色，好像已经腐烂了，可是并没有发出臭味。这个农民把
它带回家里，割下一块放到锅里煮着吃，吃后也没觉得有什么特别的味
道。于是，他就把怪肉扔在一边，没想到几天后它竟然长大了。

⊙ 怪"肉团"

奇事传出后，一些学者纷纷赶来研究这块怪肉。他们初步推测，
怪肉是一种大型黏菌。黏菌是介于动物和真菌之间的一种原质体生物，
既有原生物的特点，也有真菌的特点，十分罕见。也有人认为，怪肉是
古书中所说的"太岁"，吃了可以延年益寿。事实上，这种生物十分稀
少，人们对它到底是什么，生活在什么样的环境下，有什么样
的习性、功效等，还存在许多疑问，需
要经过长时间的研究才能得出结论。

⊙ 各种各样的怪"肉团"

⊙ 黏菌多出现在潮
湿的溪流边

植物也**睡觉**吗

植物也像人一样都在晚上睡觉吗？
植物睡眠是出于什么原因？

人和动物都需要睡眠，植物是否也会睡眠呢？只要你细心观察就会发现，到了傍晚，牵牛花收起了喇叭，蒲公英握紧了黄色的花瓣，合欢树也收拢了叶

⚠ 合欢树的叶子在晚上会合拢睡觉

子……原来它们在睡觉。其实，自然界的很多植物都会睡眠，只不过有的在白天睡，有的在晚上睡。植物学家把这种现象叫做睡眠运动。

植物的睡眠现象虽然有趣，但是科学家们却对此充满了疑惑：植物为什么要睡眠？最近几十年，科学家们围绕着这些问题展开了广泛的研究，提出许多观点。有的说，植物合拢花、叶睡眠，往往比不睡眠的植物"体温"高出 1 ℃，可以有效地减少热量的散失，以抵御夜晚的寒冷。那么，那些没有明显睡眠的植物又是怎样做的呢？也有的说，植物睡眠是为了少接触月光，适应昼夜变化。然而这却解释不了为什么有些植物白天睡觉。还有人说，睡眠能加速植物的生长。可是有睡眠的植物一定比没有睡眠运动的植物生长得快吗？这些解释都不够圆满，不能成为定论。

◀ 睡莲在夕阳西下后，闭合花瓣，进入睡眠状态

植物为什么会有**血型**

植物的血型是怎样被发现的？
有A型血的植物吗？

△ 植物也有不同的血型

植物血型的发现实属偶然。20世纪80年代初，日本警察科学研究所法官山本茂在侦查一起凶杀案时，意外地发现现场未沾血的枕头上竟有微弱的AB血型反应。于是，他对枕头内装的荞麦皮进行血液鉴定，发现荞麦皮具有AB型血的特征。随后他又对多种植物进行化验，从而发现很多种植物都有血型。

我们知道，人和一些动物的血液是红色的，里面有红细胞，在红细胞表面有一种特殊的抗原物质，是它决定了血型。但是植物没有红色的血液，也没有红细胞，为什么会有血型呢？人体的血型是由血型糖来决定的。科学研究发现，植物体内也含有和人类血型糖一样的物质，因此能显现出血型，且以O型居多，有B型和AB型，没有A型。科学家还发现，多数植物的种子和果实内都含有血型物质。

目前，植物血型的探索才刚刚开始。对植物体内为什么会存在血型物质，血型物质对植物有什么意义等问题，科学家们还没有完全弄清楚，需进一步研究。

▽ 植物与人相似，体内含有血型物质

植物界的左右撇子

植物生长具有什么样的特点？
植物的生长旋向是由什么因素决定的？

▲ 左旋生长的植物

　　植物的叶子常常是对生的，看似具有对称结构，实际上是有区别的，有的左侧大一些，有的右侧大一些，并不完全对称。除此之外，植物的生长旋向也有差别，这就好像人手有左撇子和右撇子的习惯差别一样。

　　植物的叶、花、果实、根和茎可生长成左旋的或右旋的。如同右撇子的人的右手发育更强壮有力一样，右撇子植物右边的叶子生长得也更强壮，左边的则差一些。

　　这一现象具有一定的规律。例如，锦葵的左旋叶比右旋叶大4.6倍，菜豆的左旋叶比右旋叶大2.3倍；大麦和小麦却相反，大麦的右旋叶是左旋叶的17.5倍。有些植物的花萼也是对生的，但左右不完全对称，同样有左右撇子。

　　对攀缘植物而言，左旋或右旋生长的现象就更明显了。例如，五味子的藤蔓是左旋按顺时针方向缠绕生长的。而牵牛花的藤在旋转时，却一律按逆时针方向盘旋而上，如果人为地将其缠成左旋，它生长出的新藤仍不改右旋的特性。

　　还有一些藤本植物，如凌霄、扁担藤、三叶地

◀ 攀缘植物的茎在不知不觉中绕树干生长

◀ 黄瓜的生长过程

锦、长春花、爬山虎、常春藤、葡萄等，其枝条攀缘而上时的方向是随机的，忽左忽右的，既没有规律，也没有固定的形式，因此它们就成了植物中的双撇子。

还有一个有趣的现象，不少植物所结的豆荚成熟爆裂后豆荚皮呈螺旋形，同样有的左旋有的右旋，不过这与整个植株的旋向并不一定相同。

植物为什么会出现这种或左或右或不固定方向的旋转生长现象呢？这一机理比较复杂，目前的理论均建立在推论的基础上。有观点称，这是由于南北半球的地球引力和磁力线的共同作用。后来，有研究表明，植物体有一种生长素能控制其茎、藤、叶等的生长，从而产生螺旋式的生长。由此，又有人提出，这是遗传问题。遗传特征又是如何形成的？这很难说清。另一方面，除植物外，细菌甚至微观的生命物质，都具有这种或左或右的旋转现象，这又作何解释呢？看来谜团一时还难以解开。尽管如此，但这一研究意义重大，将有助于揭示生命复杂多样的秘密。

探索发现
DISCOVERY & EXPLORATION

奇异的旋松

在我国贵州惠水县的七里冲，有一片多达万株的松林。令人惊奇的是，那里的松树不论大小，竟无一株直立挺拔，均是按右旋的顺时针方向呈螺旋状扭曲生长。真是奇异而解难。

▶ 花和叶都具有螺旋生长的现象

植物的生长方向之谜

植物为什么会按特定的生长方向生长？
重力作用影响植物的生长方向吗？

植物从一粒小小的种子萌发开始，就知道根应该往地下生长，茎则伸向天空。然而就是这个极为普通的现象让我们感到疑惑：植物为什么要这样做呢？它是怎样懂得"上"和"下"的概念的？怎样解释这种生理机制？

▲ 正在长根的种子

科学家们首先想到的是重力，然而这无法解释植物的芽和根在改变生长方向时，各部分细胞的生长速度为什么不同。1926年，美国植物生理学家弗里茨·温特通过植物胚芽鞘与光反应的实验，发现了植物生长素。温特认为，植物的根、茎或叶向下、向上生长及弯曲都是由于生长素在组织内的不对称分布造成的。然而就在很多科学家投入植物生长素机理研究之时，另有美国植物学家迈克尔·埃文斯提出崭新的理论，他认为无机钙对植物的生长方向起着举足轻重的作用，但机理还不明确。

◀ 正在生长的蒜苗

谁在控制植物生长的方向，这一研究课题已日趋深入，是生长素还是无机钙，还是兼而有之？目前这依然未知，有待于进一步的探索。

◀ 生长旺盛的林地

跳舞草为何爱跳舞

跳舞草在什么情况下才会跳舞？
跳舞草不停地运动是为了散热吗？

▲ 结荚的跳舞草

说到人或动物跳舞，没人觉得奇怪。可是你知道植物也会跳舞吗？在菲律宾、印度、越南以及我国云贵高原、四川、台湾等地的丘陵山地中，生长着一种能翩翩起舞的植物，它们对阳光特别敏感，当受到阳光照射时，两枚叶片就会马上像羽毛似的飘荡起来，翩翩起舞。因此，人们把这种草叫"跳舞草"。

跳舞草为什么要不停地跳舞呢？这一直是植物学家好奇的问题。有人认为与阳光有关，就像向日葵冲着太阳转动花盘一样。又有人提出，这是植物体内微弱的生物电流的强度和方向变化引起的。也有人从外部环境寻找原因，认为跳舞草舞动时可躲避一些昆虫的侵害。也有科学家认为，这种生长在热带的植物，靠转动叶片的方式躲避酷热，减少水分流失。

关于跳舞草跳舞的真正原因，至今还没有形成一致的意见，需要植物学家们继续深入探索。

▶ 跳舞草

▶ 正在舞动的跳舞草叶片

植物 为何爱超声波

植物都喜欢"听"什么样的音乐？
超声波为什么受植物青睐？

优美动听的音乐，不仅人爱听，植物也爱"听"。不仅如此，它还能对植物产生奇妙的作用呢！法国一位园艺家把耳机挂在番茄植株上，每天3个小时为它播放优美的乐曲，结果番茄猛长，果实长到2千克重，成为世界上的"番茄王"。苏联有一个农场，每天为温室蔬菜播放两次优美的音乐，结果产量提高了两倍。

然而，植物对音乐也是有选择的，它很讨厌"听"带有噪声的乐曲。实验证明，优美的乐曲对植物有益，而噪声对植物反而有害。

更令人惊奇的是，一种人耳不能分辨的超声波（每秒钟振动2万次以上的声波），植物也喜欢"听"，而且"听"了之后，会促进种子萌发，加快生长，使作物产量大大提高。

植物爱"听"超声波的事是偶然发现的。在法国国家科学研究中心的实验室附近，有人发现那里的花草长得特别快，甘薯和萝卜要比别处的大很多。这一奇妙的现象引起了科学家的兴

◀ 听了音乐的花显得生机勃勃　　　◢ 超声波可使果树增产

108

趣。他们经过一番研究后发现，原来是实验室使用的超声波刺激了植物的生长。于是，这家研究中心建立了实验园，实验超声波培植法。经过两年的努力，研究人员试制成农用超声波播放器，通过定时播放超声波，使各种蔬菜生长得又快又大，增产2～3倍。

科学家制造了超声波播放器，用在农业生产中，使作物增产

其他国家也进行了类似的研究。英国用超声波培植法，培育出2.7千克重的卷心菜和6.4千克重的甜菜。美国和德国将超声波用于花卉生产，结果开出的花不仅大、色彩艳丽，而且花期还长。

我国对超声波培植法的研究，也取得了可喜的成果。水稻、玉米、白菜、黄瓜等经超声波处理后，大大提高了产量。用超声波处理小麦种子，可提高出苗率，增加产量8%～10%。棉花经超声波处理后，提高了结桃率，并提前3天吐絮。

音乐和超声波为什么对植物有如此奇妙的作用呢？科学家认为，音乐声波和超声波都是一种能量，可使植物细胞膜的透性增大、加速细胞内物质转化，从而促进植物生长，但具体机理相当复杂，目前还不是很清楚，有待于进一步探索。

超声波令植物焕发生机

探索与发现
DISCOVERY & EXPLORATION

超声波对植物的作用

超声波是一种弹性机械波，在传播中会产生热效应。由于它的机械作用和温热作用，可促使植物细胞部分物质发生氧化、分解和合成作用，因而可增加农作物的产量。

奇异的植物自卫

阿拉斯加原始森林的野兔是怎样消失的？
植物会采取什么样的方式自卫？

　　科学家们发现，有些植物在受到虫兽侵害之后竟能产生自卫的化学武器。1970年，美国阿拉斯加州的原始森林中野兔横行，它们疯狂地啃食嫩芽、破坏树根，严重威胁植物的生存。人们绞尽脑汁围捕野兔，但收效不大。然而很快奇迹出现了：野兔们集体闹起肚子，死的死，逃的逃。几个月后，森林中再也见不到它们的踪迹。原来，兔子啃过的植物重新长出的芽、叶中产生大量名为萜烯的化学物质，野兔吃了就会生病死亡。

　　1981年，美国东北部的大面积橡树林中也发生过类似的事，橡树的叶子被大量的舞毒蛾啃食。然而到了第二年，舞毒蛾却突然销声匿迹，橡树又恢复了生机。其秘密在于，遭啃食后新长出的橡树叶子中单宁含量大增，影响了害虫的生长和繁殖。

◀ 花刺其实是植物防卫的招数之一

　　此类事件在自然界中时有发生，可令人费解的是，植物在遭侵害后是怎样立即生产"自卫武器"的？植物间又是如何"联络"和"约定"的？这些都还是未解之谜。

◀ 在被动物啃食之后，很多植物会生成一些化学物质来保护自己

植物界的**灾难**预言家

哪种植物堪称"灾难预言家"？
植物的反常现象能准确预言什么？

　　小小植物不起眼，却具有预知灾难发生的神奇本领。这引起了相当多科学家的关注，他们进行了大量的观察，发现能预知灾难的植物不在少数，其中堪称"灾难预言家"的要算含羞草了。

　　含羞草能预知地震的发生。通常情况下，含羞草的枝叶是在日出前30分钟舒展开，日落30分钟后才收拢，非常有规律。假如它们违反常规，则暗示大自然可能发生变异，这或许是地震发生的前兆。除地震外，含羞草还能预知台风、低气压的逼近，雷雨的袭击，火山爆发等。

▲ 树木生长异常可能预示着有灾难发生

　　其实除含羞草外，很多树木也有这样奇异的超能力。当树木出现重花（二次开花）、重果（结二次果）、结了果后再度开花，或者发生突然枯萎死亡等异常情况时，这表明可能要发生地震了。

　　由于植物的反常现象存在一定的复杂性，无法一一辨识，因此研究起来很困难。不过，一旦植物预知灾难的超能力之谜被揭开，那么它将在人与自然的斗争历史中起到划时代的作用。

◀ 植物生长异常是多种因素造成的，有些并不能预测灾变

奇特的**指方向树**

印度的扁桃树有什么特点?
"朝北树"生长在哪里?

东南亚各国有一种常见的印度扁桃树,树的外形十分奇特,树枝与树干形成直角,而且只向南北两个方向生长。人们根据树枝的方向来辨别南北,故将此树称为"指南树"。

在非洲东海岸马达加斯加岛上,也生长着一种"指南树",树高约8米,树干上长着一排排细小的针叶。不论这种树长在什么地段,那细小的针叶总是像指南针一样指向南面。

更有趣的是,地球上不仅有以上所说的指南树,也有指北树。在我国湖北省宜城市孔湾乡江波村,有一棵奇特的树,树干得3人合抱,高7米左右,树干笔直,所有大小枝叶一律朝北,故被称为"朝北树"。

为什么这些树的枝干和枝叶均能朝南或朝北有规律地生长呢?它们是怎样具有辨别方向的能力的?是什么因素致使树如此生长的?这些令人迷惑的疑团,久久得不到解开。

◀ 指南树　　　◀ 在草原上,通过植被两侧枝叶繁茂程度的差异可判断南北向

真有**吃人植物**吗

传说中的吃人植物是怎样吃人的？
食肉植物的存在，是不是说明吃人植物也有可能存在？

▲ 捕蝇草

最早关于吃人植物的记载源于一位德国人的探险记录。据说，他曾在非洲马达加斯加岛上亲眼目睹了一棵树吃人的全过程。这种树长着宽大的叶子，用叶片将人紧紧缠住，然后逐渐消化掉。但是，许多科学家都曾前往那里考察，却没有任何发现。

相似的传闻还有爪哇岛上的"吃人柳"。行人不慎碰到"吃人柳"的一根枝条，其他枝条会马上卷起来，将人紧紧缠住，然后分泌出消化液，将人体一点点吸食掉。

这些传言都是真的吗？事实上，地球上确实存在着食肉植物，有500多种，但其捕食对象仅是昆虫而已，由此并不能判定存在吃人植物。但也有学者认为，虽然眼下还没有证据证明吃人植物的存在，但也不应该完全否定，因为科学家的足迹还没有踏遍世界的每一个角落，也许正是在那些原始森林中，藏有人类意想不到的发现。

▼ 毛毡苔吃虫的全过程

▶ 猪笼草

冬虫夏草的生长之谜

冬虫夏草长什么样子?
冬虫夏草是怎样生长的?

冬虫夏草的样子很奇特,说它是动物,它的根又深扎在泥土里,头上还长着一根草;说它是植物,它的根又是一条虫子,长有头、嘴和足。那么,它到底是植物还是动物?为什么会长成这般怪模样?

▲ 能入药的冬虫夏草

原来,有一种叫做蝙蝠蛾的昆虫,在冬天来临之际,将虫卵产在土壤里,然后静静地死去。当虫卵在土壤里经过1个月的孵化,便形成了白胖胖的幼虫。有一种真菌,一遇到幼虫便对它展开进攻,钻入幼虫体内吮吸虫体的营养。冬天,虫草在幼虫体内大量繁殖,使虫子还没有爬出地面便死了。天气转暖后,虫草便破土而出,从幼虫壳体的头部长出一根顶端呈椭球状的棒,这才有了既像虫又像草的古怪模样。于是,人们就给它起了个"冬虫夏草"的怪名字。

然而,虫草这种真菌是如何钻入幼虫体内的,又怎样在幼虫体内寄生那么长时间,最终从虫头部长出一棵草的,至今这还是谜。

◀ 正在生长的冬虫夏草

竹子开花 之谜

"竹子开花大旱年"这一农谚有科学道理吗？
为什么竹子开花的行为会不同于其他植物？

▲ 竹子不开花时采取地下茎
繁殖，由竹笋长成竹子

种子植物开花结实本来是一件很正常的事，可是对于竹子来说却恰恰相反。竹子生长到一定年龄也开花结实，但竹花盛开之后，原本郁郁葱葱的竹林就会变得干枯凋萎，最后成片死去。为什么竹子开花后会成片枯死呢？这令人迷惑不解，科学家对此也持不同观点。有些科学家认为，这跟开花植物的生物周期有关。竹子的生物周期与其他植物的不同，一生只开花结实一次，结实之后植株就死了。它们生长到一定年龄后必然出现衰老，为繁衍后代，所以在生命结束之前开花、结实。也有科学家认为，气候异常、病虫害或管理不好，都会引起竹子开花、结实，开花的目的在于产生生活能力更强的后代，以适应新的环境。有人做过实验，用人工手段使竹子处于干旱状态，结果竹子真的开花了。由此看来，竹子开花到底因为什么，还有待深入研究。

❤ 生长繁茂的竹林

植物为什么要落叶

致使植物落叶的因素有哪些?
为什么增加光照能延缓叶片脱落呢?

"秋风萧瑟天气凉,草木摇落露为霜",大多数树木都是春生、夏长,到秋天就开始落叶了。

植物为什么要落叶呢?很久以来,科学家们都认为这是植物内部养料供应有限的结果。由于外界气候条件的变化,大多数植物从秋天开始就减少了营养物质的吸收,这时叶片的存在不但无益,反而会加重植物的负担,于是叶片就不能再生存下去了。很多实验也都证明了这种想法是正确的。

然而,进一步观察又使科研人员对上述结论产生了怀疑,许多植物叶片的衰老并不是发生在开花结实之后,而是在其前。例如,雌雄同株的菠菜,其雄花刚开始形成时,叶片就已经开始枯萎了。

秋天,当你走在马路上时,如果你仔细观察就会发现,尽管马路两旁的树木已

⊙ 落叶

⊙ 秋景

探索发现
DISCOVERY & EXPLORATION

落叶为何总是背朝天

叶面是由排列有序、结构紧密的细胞层构成的,叶背则是由排列稀疏的细胞层构成的,这使得同一片树叶的叶面与叶背具有不同的密度。叶面密度高,因此先落地。

是叶落枝枯，但在靠近路灯的几棵树上，却还有几片绿叶在寒风中艰难地挺立着。科研人员从这个现象中得到启发，便动手做实验，发现增加光照可以延缓叶片的脱落，用红光照射效果更明显；如果缩短光照时间，则会促进叶子脱落。由此可见，落叶大多发生在秋天，主要原因不在于温度，而在于光。

结实之后，叶片
会枯萎凋零

落叶遍地

为了揭开落叶的奥秘，科研人员还通过电子显微镜对叶片进行深入观察。他们发现，在叶片的衰老过程中，蛋白质含量显著下降，核糖核酸（RNA）的含量也下降，叶片的光合作用能力降低，叶绿体遭到破坏。而这一系列变化过程，就导致了落叶。与此同时，在落叶紧靠叶柄基部的地方，果胶酶和纤维素酶活性不断增加，使整个细胞溶解，形成一个自然断裂面。这时尽管叶柄中的维管束细胞没有溶解，但它非常纤细，风儿一吹就筋断骨折，整个叶片坠落地面。

科研人员还发现，对叶片脱落起关键作用的是一种化学物质，它就是脱落酸。不管把脱落酸喷到哪种植物的叶片上，都能使其脱落。植物中的赤霉素细胞分裂素能延缓叶片的衰老和脱落，而脱落酸的作用恰好与它相反。

至此，科研人员已经把植物为什么落叶之谜揭开了大半，但遗留的疑问却还有很多，仍等待着人们继续探索下去。

新叶生长出来后，老叶会掉落

高山上的花儿为何艳

平地上的花儿为什么不如高山上的花儿开得艳？
植物色素有什么用处？

在人们的印象中，高山、高原地区由于海拔高，气候寒冷，自然条件恶劣，生长在这里的植物都十分低矮，既不美丽，也不起眼。其实根本不是那么一回事。春夏之交，如果你到高山上去看一看就会发现，那里漫山遍野开着鲜花，各色各样的花朵争芳吐艳，姹紫嫣红，花香四溢，灿烂夺目，构成一座天然大花园。高山上的鲜花不仅数量多，而且花朵的颜色特别艳丽。

高山植物所开的花为什么特别艳丽动人呢？大部分植物学家认为，这是高山地区植物适应环境的结果。高山上空气稀薄，紫外线特别强烈。紫外线能对花朵细胞中的染色体造成破坏，阻碍核苷酸的形成。为了与这种不利因素做斗争，高山植物就在体内大量产生类胡萝卜素和花青素，这两类色素物质能吸收大量紫外线，从而使细胞正常的生活，逐渐与环境适应。同时，这两类色素物质的大量产生，使花

🔻 郁郁葱葱的高山植物

儿的颜色变丰富了。类胡萝卜素是包含红色、橙色和黄色在内的一个大色素类群，有了它花儿就具有了上述几种色彩。花青素对花儿颜色的影响更大，它可以使花儿呈现出橙、粉、红、紫、蓝等多种颜色。由此可见，这两类色素越多，花儿的颜色就越丰富。

探索发现
DISCOVERY & EXPLORATION

高山植物的特点

生长在高山上的植物一般植株矮小，茎叶多毛，有的还匍匐着生长或者像垫子一样铺在地上。大多数高山植物具有粗壮深长而柔韧的根系，以适于在岩石裂缝和粗质的土壤里吸收营养和水分。

还有一些植物学家提出了不同的见解。虽然他们也肯定了色素的作用，但对色素的形成提出了新的看法。他们认为，色素的增多并不单单是阳光造成的，还与高山地区的气候条件有关。一方面，高寒地带昼夜温差大，白天在太阳的照射下气温较高，晚间太阳一落，气温骤降，昼夜温差可达10℃以上。另一方面，还与高山地区阳光充足有关。白天温度高时，花儿可以充分利用阳光进行光合作用，合成许多碳水化合物；夜晚，由于温度较低，花儿除了消耗一部分碳水化合物用于呼吸作用外，大部分能量物质就被储存起来，一方面用于抵御寒冷，另一方面用来大量合成各种色素。色素一多，花色自然就特别鲜艳。这种说法看来有一定的道理，但只是一种猜想，尚未得到证实。

▶ 美丽的原野

探寻 独叶草

独叶草是一种什么样的植物？
为什么植物学家热衷于研究独叶草？

在繁花似锦、枝繁叶茂的植物世界中，独叶草是最孤独的。论花，它只有一朵；数叶，仅有一片，真可谓是"独花独叶一根草"。

独叶草是毛茛科一种多年生的草本植物，是我国云南、四川、陕西和甘肃等省特有的小草。它生长在海拔2750～3975米的高山原始森林中，生长环境寒冷、潮湿。独叶草的地上部分高约10厘米，通常只生一片具有5个裂片的近圆形的叶子，开一朵淡绿色的花。

独叶草的结构独特而原始，这激起了很多植物学家的研究兴趣。他们通过观察发现，独叶草叶片上的叶脉分布不是平行的，也不是网状的，而是由叶片基部中央向周围呈辐射状散出，每片顶端又一分为二，显然是一种原始的二分叉脉序类型，跟裸子植物银杏的叶脉十分相像。这种脉序在毛茛科所属的1500多种植物中是绝无仅有的，在全世界20多万种被子植物中也极为罕见。

◀ 独叶草

独叶草的花是单朵独生，不形成花序，一旦发生意外，这朵花便夭折了，种子的繁殖过程就会中止。由此可见，它只是刚刚

◀ 银杏的叶和果

具备了被子植物种子繁殖方式的优越性。另外，它的花是由花被片、退化雄蕊、雌蕊和心皮构成，各组成部分都离生，数目不定，而且呈螺旋状排列，这也显示出了被子植物的原始形态。

△ 被子植物叶片的结构

在被子植物中，越是原始的种类，它的花越明显地带有类似叶子的短缩茎的形态特点。独叶草雄蕊的心皮在花朵发育早期都是微微张开的，非常像一片片未展开的幼叶，这种构造也表明了它的原始性。

独叶草的地下根状茎也很有特点。根据切片观察，独叶草具有单叶隙的茎节结构，而这只在被子植物的原始种类中才能找到。在独叶草茎内用于运输水分和无机盐的导管中，导管之间的管壁不是以通常的打孔方式上下连接的，而是形成一种分布着许多孔道的横隔板，这种导管结构在毛茛科的其他植物中从未发现过。

小小的独叶草身上集中了这么多原始性状，这使得它为研究整个被子植物的进化提供了许多新的资料，同时也提出了许多疑问，这些疑问还有待于植物学家在研究中给出圆满的解答。

▽ 独叶草开出的花比一般被子植物的花要简单

探索发现
DISCOVERY & EXPLORATION

被子植物的起源

被子植物于早白垩世晚期出现，于中、晚白垩世繁育起来，到新生代时极为繁盛，代替了裸子植物，成为植物界中最高级的类群，开创了被子植物时代。但被子植物的起源迄今尚无定论。

奇妙的 生物钟

生物钟现象具体体现在哪些方面？
是什么控制着生物体内的生物钟运行？

在日常生活中，人体的生理会发生有节律的周期性变化。例如：正常人的呼吸是白天快，夜里慢；体温在清晨2时到6时偏低，下午5时到6时偏高；脉搏在早晨较平稳；血压早晨最低，傍晚偏高。人体的排尿量和尿液的成分，也会随着昼夜发生周期性变化。人体内细胞

△ 人体内的生物钟控制着人的许多行为

的分裂、血液成分、眼内压和瞳孔的光反应等，都有昼夜周期性变化。

这是怎么回事呢？科学家通过研究和探索，揭示了其中的奥秘，原来人体内有自己的"时钟"，科学家称它为生物钟，也叫生物节律。人体在生理上的节律变化与生物钟有密切关系。

随着研究的深入，人们发现，不仅仅人类、微生物、植物及动物体内都有生物钟。有了生物钟，我们人类和其他生命体就能感受到外界环境的周期性变化，如昼夜的转换、光线的强弱、温度的升降、气压的高低、湿度的大小、环境的静噪等，并能根据这些变化来调节自身的生理活动，使身体知道什么时候该开始做什么，什么时候该结束。

◁ 动物的睡眠习惯是由生物钟控制的

候鸟迁徙是生物钟在发挥作用

自然界的节律变化

在大自然，候鸟春秋两季迁徙，蝶类多在白天活动，蛾类多在夜晚活动，雄鸡清晨啼叫，蝙蝠黄昏后活动，牵牛花清晨盛开，夜来香傍晚花香扑鼻，这些都是按自然界的节律在变化。

那么，生物钟的本质是什么？它究竟在生物体的什么地方呢？科学家对生物钟做了广泛而深入的研究。通过实验，有一些科学家认为，生物钟是生物体内固有的，是生物在几百万年乃至上千万年的进化中，宇宙的自然节律在生物体基因上刻下的深深烙印，因此是可以遗传的，而且还可以不受环境中各种因素变化的影响。但也有一些科学家持不同意见。他们认为，生物钟是生物体的生理功能对外界环境某种信号的反应，因此是受外力调节的。

目前，人们对于生物钟的研究还处于初级阶段，有关生物钟的机理仍然是个谜。生物钟到底是什么，科学界也没有统一的看法。人体的生物钟藏在哪里，是如何起作用的，也不十分清楚。相信这些疑问在今后的研究中一定能得到解答。

经过冬眠后刚羽化的蝴蝶

不死的动物

制成标本的虫子在什么情况下竟慢慢活动起来？
西伯利亚四趾鲵在低温条件下沉睡了多少年？

在标本盒、墓葬、地层等环境中发现历经千百年而不死的动物，这类耸人听闻的消息屡见不鲜。

1950年的一天，大英博物馆的一位工作人员无意中将一些水洒在了一个标本盒里，盒中两只在100多年前被制成标本的虫子竟然慢慢活动起来，恢复了生机。其实，早在1917年就有人做了一个实验，将干瘪失水的蚯蚓放在潮湿的纸上，它竟慢慢地活了过来。

● 生存能力极强的动物在自然界中还有很多

1990年初，埃及考古学家马苏博士在与同事们开掘一座4000年前的古埃及法老墓葬时，发现一只早已绝种的猫科动物守在墓旁。但当考古学家把这只小豹子一般大的大灰猫逮住带到实验室后，该猫的健康状况却急剧恶化，几小时后就死了。

不久前，俄罗斯地质学家在西伯利亚的地层里挖出来一块冻土，冻土融化后露出一只已绝迹的古老动物——西伯利亚四趾鲵，它竟然苏醒了，还徐徐爬动起来。它已在－10℃的低温条件下，在冻土里沉睡了将近5000年。

这些动物让科学家们感到惊异：它们是怎样保持生机的？机体细胞发生了怎样的变化？这一切都还是谜。

◀ 特殊的环境使某些动物能够长久地活下去

动物的"领土"观念

动物们怎样划分"领土"？
入侵对方"领土"会带来什么后果？

科学家们发现，动物也有自己的"领土"范围，那是一条无形的界线，谁越过这条界线就会引起争斗。当两头公牛要相斗，或两只狗即将相咬之前，一只向前一步，另一只往往就后退一步。只要不入侵对方的"领土"，对方暂时就不会还击，然而一旦越过了那道界线，争斗便爆发了。

▶ 狗看家的本领就与
"领土"意识有关

动物究竟怎样划定自己的"领土"范围呢？这个问题十分复杂，目前还没有完全搞清楚。通常，嗅觉在动物的"领土"划定中起着很重要的作用。有的狗在自己的地盘内到处撒尿，别的狗在闻到这种气味后，就不会轻易跨越这条无形的界线了；羚羊在寻伴期间，会用嘴在树丛里蹭来蹭去，把气味抹在上面，外来的羚羊嗅到这种气味后就不再随便入侵了。不仅如此，连虫、鱼、鸟等都有自己的"领土"。

动物这种划定"领土"的现象是怎样产生的呢？为什么要这么做？这些问题至今仍是谜，等待着动物行为学专家去一一求解。

▶ 雌豹和幼豹守护着自
己的"领土"

动物也会 复仇 吗

动物是怎样复仇的？
大象珍宝为什么踩死了曾经的驯兽师？

动物也会复仇吗？结论是肯定的。据说某国有个身穿绿色上衣的男子在森林里伐树，树倒了，树杈上的鸟窝摔了下来，窝里的雏鸟全摔死了。这悲惨的一幕恰好被

◣ 大象会记仇，也会复仇

觅食归来的雌鸟看见，雌鸟悲痛万分，从此凡是看到穿绿色衣服的人路过，就会冲上去，用翅膀对那人又扑又打，为死去的孩子报仇。

1992年初，墨西哥马戏团老驯兽师吉勒姆·托雷斯被一头叫珍宝的大象活活踩死。原来，托雷斯在60年代曾是珍宝的驯兽师，他对待动物残忍在墨西哥是出了名的，因此15年前被迫退休。据目击者称，平常非常驯服的珍宝，在看到79岁的托雷斯走进表演场时，立即发起疯来。它大吼一声，一步步逼向托雷斯，与他对视了一阵，然后突然将他推倒在地，往他胸口处重重踩了一脚，致使他当场死亡。

在自然界，动物报复的事件还有很多。动物的报复心理是怎样产生的？怎么解释它们的报复行为？这些疑问目前还没有得到圆满的解释，需要继续研究探讨。

◣ 狼是一种非常会记仇的动物，被人打伤后常会报复人类

奇怪的 **杀过行为**

什么是杀过行为?
食肉动物的杀过行为说明了什么问题?

赤狐是农户的死对头,专门在夜间闯入农舍袭击鸡鸭,且将整群鸡鸭统统杀死,却不吃它们。其实,许多食肉动物都有像赤狐这样的行为,在一次捕猎中杀死远远超过自己食量的猎物,这就是杀过行为。食肉动物这么做显然不是为了捕食,那么它们的动机是什么呢?

▲ 猎豹也有杀过行为

有些动物学家认为,这是由动物凶残的本性决定的。像狮子、豹子等可能是为了炫耀武力,或者练习捕猎。也有一些人称,这只是偶然现象,不是每次捕猎行动都会杀过,只是由于被捕杀的动物惊惶失措,四处奔逃,激起了这些野兽的野性,使其大开杀戒。这种说法也不能令人满意,因为每次捕猎行动中猎物都会四散逃跑,却不会每次都激起野兽的野性。由此,又有科学家提出,杀过的成因不能一概而论,对具体动物要作具体分析,有的出于本性,有的确实是因受刺激而引发,也可能两种兼而有之。当然,以上观点均属推测,还有待科学论证。

▼ 狮子的杀过行为与教幼狮捕猎有关吗?

动物**集体自杀**之谜

鲸集体自杀的现象为什么这么普遍？
旅鼠集体自杀又是出于什么原因呢？

自然界中一些动物的集体自杀事件屡见不鲜。1946年10月10日，835头虎鲸冲上阿根廷马德普拉塔城海滨浴场，结果全部死亡。1980年6月30日，58头巨鲸游上澳大利亚新南威尔士州北部海岸的特雷切里海滩死亡。1985年12月22日，一群抹香鲸集体游

▲ 有些鸟也会选择集体自杀

向中国福建省福鼎市的海滩，尽管当地渔民尽力抢救它们，但被拖回海里的鲸转眼又冲上沙滩来，结果12头抹香鲸陈尸海滩。

这些鲸为什么要集体自杀呢？有科学家认为，鲸自杀的地方，往往是海岸平坦或泥沙冲积成的海滩。鲸利用超声波来进行回声定位，辨别位置。而这种地方往往不能很好地将超声波反射回去，使鲸在接收回波时发生困难，造

探索发现
DISCOVERY & EXPLORATION

鸟群扑火自杀

1905年一个漆黑的夜晚，印度的几个农民迎风举着火把进山。突然，一群鸟向他们扑来，跌落在火把周围，不再飞行，也不再吃东西，不到两天全部死去。

鲸一旦搁浅，就会死亡

集体自杀的鲸

成定位失灵，从而发生盲目行动，冲上海滩死亡。后来，有学者在死鲸的耳朵里发现了寄生虫，因此推测是寄生虫影响了鲸耳朵的功能，酿成了悲剧。但有科学家对上述说法并不认可，认为这只是个别现象。

与鲸群上岸自杀正好相反，生活在北欧的旅鼠每隔几年就成群跳海寻死，不论是高山险谷，还是急流深湖，都挡不住它们前进的步伐。如果遇到了河流，前面的旅鼠就跳入水中，为后来者铺路，就算淹死它们也要这么做。而存活下来的旅鼠，在到达目的地——北冰洋一带时，也会一个不剩地全部冲向海中。

除此之外，鸟、蛇甚至昆虫都有集体自杀的行为。

动物为什么会集体自杀呢？有专家认为，这很可能是气候异常或环境污染引发的。也有人说，是种群数量太多、食物竞争激烈造成的，它们为保证种族的生存和繁衍只能选择自杀。由此看来，动物集体自杀的情况比较复杂，一时还难以下定论。

成群的旅鼠跳入大海自杀

奇妙而神秘的 动物冬眠

蜗牛是怎样冬眠的？
动物冬眠的机理是什么？

▲ 睡鼠冬眠时就好像死了一样

冬天到了，热闹的大自然顿时变得十分安静，原来许多动物开始冬眠了。青蛙用头钻地，用有力的后肢左右摆动翻出泥土，挤入泥土中，并用身上的黏液把洞四周涂抹光滑，好像打了一层"蜡"，然后躲在洞里不吃不动，达数月之久。蝙蝠躲到岩洞或树洞里，用爪子钩住物体，用飞膜裹住身躯，倒挂着一动不动，仿佛死去一般。蜗牛躲到枯叶下、岩石的缝隙里或洞穴中，把壳封闭起来，只留出一个小孔呼吸。鲤鱼群集于水底的低洼处，围成一圈，头和头紧密地靠在一起，不吃不动……

冬眠是一些动物抵御寒冷、维持生命的特有本领。冬眠时，它们的体温降低，各种生理活动变得十分缓慢，能量的消耗也降到最低水平，能在不吃不喝的情况下，依靠体内贮存的养料度过漫长的冬季。尽管动物的冬眠十分多见，但人们至今还搞不清楚，冬眠时它们的身体里都发生了什么样的变化？不过，研究动物冬眠非常有意义，能为许多科学研究提供有益的启示。

◀ 冬天，许多动物都在冬眠

动物界的寿星——明

世界上最长寿的动物为什么被命名为"明"？
明的贝壳对于科学研究有什么用？

目前，一种名为"明"的蛤类软体动物，经鉴定被确认为世界上最长寿的动物。它们生长在冰岛海域的海底，因为生长初期正好处于中国的明代而得名，其年龄已达400多岁。

△ 明是一种很像扇贝的软体动物

2006年，英国班戈大学海洋科学学院的科学家在冰岛海底捕捞出3000多个空贝壳和34个存活的明。这些明长约8.6厘米。因为明身上的贝壳共有405条纹理，科学家们最后断定，它们已经存活了405年，比此前发现的最长寿的动物还年长31岁。

限于目前对软体生物的认识程度，科学家还无法得知，在长达数世纪的时间内，明是如何在海底生活的。不过，明贝壳上的纹理却成了记录环境变化的活标本，因为明的贝壳只有在夏季才会生长。在海水温度较暖，并且食物充足的情况下，贝壳上每年都会长出厚度约为0.1毫米的一条纹理。正因为明贝壳上每条纹理的厚度取决于当时所处的环境，因此人们可以以此为据了解当时海底的生态环境以及气候变化。后来，明在研究过程中死亡，但其贝壳仍可用于科学研究。

▷ 人们对生活在海里的动物了解不多

动物界的**地震预言家**

地震发生前，动物通常会有哪些异常表现？
动物在地震前感受到了哪些异常的征兆？

⚠ **地震时，动物的表现会极为反常**

自古以来，人们就想对可怕的地震进行预测，但至今也无法实现。可奇怪的是，动物却能提前预知地震的发生。

1923年，日本东京大地震前夕，人们看到成群结队的老鼠从洞穴中窜出，汇集成一支老鼠大军向远方逃走。

其实，除了老鼠，其他许多生活在地面上和地下的动物都具有这种预知地震的超能力。1963年，在捷克的斯科毕亚市发生大地震之前，有人发现动物园中的许多动物都好像受到了某种严重的骚扰似的，放声大叫，在笼子之中来回走动，有的还不停地撞击铁笼。

动物是怎样知道地震要发生的呢？有人认为，地震前大地会释放出一些微量气体，人无法察觉，而那些嗅觉灵敏的动物就能闻到，从而预知地震发生。也有人认为，地震前地热异常，动物可感觉到，因此纷纷从洞中逃出。还有科学家认为，动物行为异常并不一定每次都预示着地震发生。尽管存在争论，但动物预知地震的能力可给人以启示。

⚠ **地震前夕，草原犬鼠纷纷钻出洞来，四下逃散**

动物界的天气预言家

一些动物在天气变化时，会做出哪些奇怪的行为？
瓢虫可以预知长远气候变化吗？

△ 有种瓢虫预测长远气候变化的本领很强

有些动物和植物一样，对天气变化很敏感。天气即将转阴雨时，湿度增大，气压降低，天气闷热，它们会表现出一些异常反应，这可作为预测天气的参考。在没有天气预报以前，人们常常靠动物的行为来预测天气。例如，蜻蜓低飞，蚂蚁搬家，鱼到水面上来换气，说明大雨马上就要来到；青蛙鸣叫，燕子低飞等，是下雨的前兆。当然，上述情况只能反映近期天气的变化。

然而令人称奇的是，有种瓢虫知道未来季节的气候将会如何变化。冬天，它们通常会上百只成群地聚集在同一处，躲在落叶堆中越冬。但在那里，它们很容易感染上烂叶片上的真菌，因此只在寒冬来临前，它们才选择在那里过冬，而当较温暖的冬季即将来临时，它们则选择更卫生、更暴露的地方越冬。这种瓢虫判断临近冬季气候的结果非常准确。科学工作者对它们进行了长达10年的研究，它们一次也没出错过。不过，对于它们是如何预测出气候变化的，科学家们还不清楚机理。

▷ 燕子低飞，预示着就快下雨了

动物"活化石"之谜

哪些稀有动物被称为"活化石"？
"活化石"是完全没有进化的原始物种吗？

在生命演化的漫漫旅程中，很多动物在"适者生存"的竞争中失败了，从地球上消失，仅留下它们的遗物——化石。也有一些动物很幸运，在家族中的多数成员——消亡的过程中，竟然躲过了一次又一次的灾难，成功地活到今天。人们将这些幸存下来的稀有动物称为"活化石"。

◑ 美洲负鼠

"活化石"的发现，对于研究地球环境变化、物种进化具有重要意义。然而，"活化石"的数量很少，因此人们对它们就越发关注了。像中国的大熊猫、"四不像"和中华鲟，美洲的负鼠，新西兰的楔齿蜥，太平洋的鹦鹉螺，东非海岸的拉蒂迈鱼等，都是有名的"活化石"。人们一方面精心看护着这些珍贵的"活化石"，另一方面也对它们产生了诸多疑惑。按生物进化的类型分析，"活化石"属于长期未发生过前进进化、也未发生过分支进化的物种，然而它们为什么能够幸存下来？它们是否与原来的先祖有所不同？如今，生物学家已对此展开了广泛研究，试图解开这些疑团。

◁ 大熊猫是世界有名的"活化石"

为何宠物丢不掉

小猫独自跋涉数千千米后，找到新家了吗？
布列加夫妇爱犬的回家之路与他们的旅行路线一样吗？

猫、狗作为人类的宠物，天天与人生活在一起，可算是与人最亲近的动物。不仅如此，它们那依恋主人的情感，以及迷失之后返家的本领，都令人吃惊。

1974年，一位美国兽医从纽约迁居到加利福尼亚，由于搬家太仓促了，结果忘了带家养的猫，没想到这只猫竟然独自跋涉了4000多千米，几乎横穿大半个美国，终于在加利福尼亚找到了主人。这件事在当时引起了轰动。

⊙ 狗可以凭记忆找回家

与猫一样，狗的认路本领同样使人震惊。1943年，家住美国西海岸俄勒冈州的布列加夫妇驾驶着自己的汽车横越美国大陆旅行，随车旅行的还有他们的爱犬博比。途中，他们在印第安纳州的一个小镇上休息了几天，谁知博比太贪玩，跑去和当地的狗群打闹玩耍，竟与布列加夫妇失散了。布列加夫妇找了它好几天都没有找到，最后只得失望地离开。不料第二年春天，博比竟然自己找回家来了。有趣的是，它回家的路线竟与主人旅行的路线不一样。

这些宠物太神奇了，它们究竟是怎样认路的呢？这个问题一直让人困惑不解。

▶ 猫和狗都是与人亲近的动物

大象**好记性**之谜

大象的记忆力好与它们群居有关吗？
大象是凭借什么记忆的？

▲ 行进中的象群

在动物世界中，大象记性好是出了名的。研究人员通过测验发现，尽管大象的视力不好，但是它们的记忆力超强。

大象有持久的记忆力，像非洲大象能辨认30多个亲属，哪怕是在分开几年之后。由于象群间具有严格而复杂的"社群网络"，学会记忆对于它们来说有很多好处。

那么，大象是如何记住亲属信息的？研究人员通过测试发现，虽然大象的视力很差，但嗅觉很灵敏。非洲象是通过观察同类的举动以及闻留在地面上的尿液记住每一位家庭成员的。另有研究称，一些母象会用低频呼声呼唤同伴及幼象。如果其他大象认识这个发出叫声的大象，就会回应；如果不认识，要不就是听到却没有任何反应，要不就会变得易怒而且戒备起来。研究人员认为，每头非洲象能辨认其他100多头大象发出的叫声。大象为什么对那些声音保有长久的记忆呢？人们不得而知。

◀ 大象是一种高度群居的动物

海豹讲"方言"

海豹的"方言"是怎么回事？
探索海豹的"方言"有什么重要意义吗？

专家们通过研究发现，自然界的很多动物都具有语言天赋，像海豹还会讲"方言"呢！

几年前，美国和加拿大海洋学家在用电脑研究

🔺 海豹语言的形成或许与它们的群体生活有关

栖息在南极半岛海域和麦克默多海峡两个地区的几百只威德尔海豹发出的声音时，发现了一个现象，这些海豹之间不仅有双方可以理解的"普通话"，也有各自的地方语。据统计，南极半岛海域的海豹用21种叫声来传递语言信息，而麦克默多海峡的海豹却用34种叫声来传递语言信息。在这两组叫声中，有些是相同的或极为相似的，这就是海豹的"普通话"。而麦克默多海峡的海豹发出的单音节是它们的"方言"，南极半岛海域的海豹无法听懂。当然，南极半岛海域的海豹也发展出了"结合声"，由此也形成麦克默多海峡海豹听不懂的"方言"。

这些"方言"是怎样形成的，目前还无法确知，但这一研究对于探索动物世界的生活方式和社会奥秘有着重要意义。

🔻 生活在南极的威德尔海豹，彼此之间用语言交流，不仅如此，它们还讲"方言"

▶ 小海豹

北极熊和企鹅分布之谜

北极熊是怎样来到北极的?
北极大企鹅为什么会灭绝?

　　地球两端的极地地区气候十分相似，然而为什么北极有北极熊而无企鹅，南极有企鹅而无北极熊？这样一个看似简单的问题却难倒了许多科学家。

⬆ 北极熊

　　一些科学家根据板块漂移理论推论，认为北极熊和企鹅原本生活在同一大陆，后来由于板块漂移，它们分属不同板块，越漂越远，直到现在一个北极，一个南极，遥遥相望。然而这种解释因为缺乏证据而不足以服众。但这个悬念一旦揭开，定会对生物演化、地球演变研究造成不一般的影响。

　　另有专家从熊类起源的角度进行解释，认为这与地质学、冰川学以及生态学有密切关系。熊在地球上出现虽然较晚，但发展较快，500万年前至100万年前就已几乎遍布除南极洲外地球上的每个角落。第三纪时地球上出现寒冷气候，只有一些适应寒冷气候的动物可以生活，于是原来以植物为主食的熊绝迹了，而一种皮毛厚、肉食、

🔽 南极冰原上的企鹅

探索与发现
DISCOVERY & EXPLORATION

北极地区的环境特点

北极为北冰洋所包围，北冰洋周围地区大都平坦。冬季大地覆盖冰雪；夏季冰雪融化，表层土解冻，植物开始生长，为驯鹿和麝牛等提供食物。同时，狼和北极熊等也依靠捕食其他动物存活。

具有体温调节能力、越冬生理适合严寒的熊类生存下来，它们便是后来的北极熊。而南极洲早在熊类祖先出现前，便是一个海洋环绕的大陆，不与其他大陆相连，陆生熊类不可能迁往南极洲，所以那里不可能发现北极熊的踪迹。不过，这一观点只解释了南极为何无北极熊，却无法解释北极为何无企鹅。

关于企鹅，有证据显示，在很久以前曾在北极生存过，只是现在灭绝了。它们就是北极大企鹅，身高60厘米，头部棕色，背部羽毛呈黑色，生活在斯堪的纳维亚半岛、加拿大和俄罗斯北部的海流地区，以及所有北极和亚北极的岛屿上，数量曾达几百万只。大约1000年前，北欧海盗发现了大企鹅，从此大企鹅遭遇厄运。特别是16世纪后，北极探险热兴起，大企鹅成了探险家、航海者及土著居民竞相捕杀的对象。长时间的狂捕滥杀，导致北极大企鹅灭绝。

从北极存在过企鹅的事实来看，板块漂移理论的解释又似乎有一定的道理，南北极地区在久远的地史上很可能是连成一片的。看来，关于南极为何无北极熊、北极为何无企鹅的讨论目前还不能下结论，研究还得继续。

▶ 南极企鹅比北极企鹅幸运多了，没有遭到人类的大肆捕杀

吃人猴之谜

吃人猴主要生活在哪里？
吃人猴的种群行为有什么特点？

▲ 能直立行走的猴子

猴子是人类的近亲，也是人类的好朋友，它们活泼好动，讨人喜欢。但也有一些猴子相当凶恶可怕，吃人猴就是其中一种。

吃人猴的体形与人类的相似，但遍体长毛，脊柱尾端长尾巴。它们主要生活在菲律宾的崇山峻岭中。一些人类学家通过研究发现，吃人猴属于灵长类中较进化的一支，喜欢过集体生活，并且有着严密的组织；猴群之间好像划分了不同的集团，分住在不同的领地；它们能讲比较简单的语言，会使用天然工具，但不会制造工具。

吃人猴的这些特点引起了科学家们的关注。有人认为，吃人猴可能源自人类演化过程中的某个环节。还有人认为，吃人猴虽然也能够直立行走，但没有发展为人，是从猴到人的发展过程中分出的一支。由于无法考证吃人猴的过去，有关它们是如何进化的，目前仍是一个谜。

◀ 猴子是人类的近亲，像吃人猴，与人类的亲缘关系更近

探索黑猩猩的智慧

> 黑猩猩的聪明才智表现在哪些方面？
> 为什么黑猩猩能拥有比其他动物高出许多的智能？

黑猩猩可是个聪明的家伙，不仅会动脑筋，还能想办法自制工具。例如，它会使用树枝，从蚁窝中"钓"白蚁吃。由此可见它那不一般的智力水平。

许多科学家设想，既然黑猩猩如此聪明，又最接近于人类，应该教它们学语言。于是，美国科学家试着用聋哑人的手语与黑猩猩交流。他们每天花大量时间与黑猩猩待在一起，对话都用手语表示。渐渐地，黑猩猩掌握了手语。更重要的是，它还能把这些手势连在一起使用，表达自己的想法。例如，它想喝果汁，便在"给"的手势后面紧接着做出"甜东西"的手势。

的确，黑猩猩有着与人类类似的大脑活动能力，但要想了解它们真实的思想世界，在目前来说还不可能。但此项研究非常有意义，有助于人类了解智能是如何形成和发展的，以及大脑进化的特点。

▼ 聪明的黑猩猩正动脑筋想办法捉蚂蚁呢

有些**蛇**为什么带毒

为什么有的蛇带毒，有的蛇却无毒？
毒蛇的毒液是如何产生的？

△ 吐芯子的腹蛇

提起银环蛇、竹叶青、眼镜蛇，人们自然就能联想到吐着咝咝作响的蛇芯子和具有致命毒性的毒蛇。

毒蛇非常可怕，其毒液可很快致人或动物死亡。蛇的毒液实际上是消化液，就好像人类的唾液一样。蛇的毒液管是输送毒液的管道，连接在毒腺与毒牙之间。毒腺是由唾液腺演化而来的，位于头部两侧和眼的后方，包藏于颌肌肉中，能分泌出毒液。当毒蛇咬住猎物时，包绕着毒腺的肌肉收缩，毒液即经毒液管和毒牙的管或沟，注入被咬对象的身体内，使之中毒。

那么，蛇的毒液究竟是如何形成的？来自蛇体内的哪个角落？最初有研究表明，不同的蛇毒会分别攻击不同的细胞，如肌肉细胞、血液细胞或神经细胞。鉴于这种攻击的高度精确性，一些科学家便推测蛇的毒液是由其体内不同器官中的蛋白质形成的，由于蛋白质已与不同类型的细胞发生了作用，因此形成的毒液也就有了针对性。但是对此科学家一直未找到足够的证据。

◁ 耍蛇人具有对付毒蛇的绝招

⚠ 捕食的蛇

最近，澳大利亚墨尔本大学的科学家布里安·弗里找到了答案。他对已经发现的蛇毒中的24种蛋白质进行了基因分析。在分析的过程中，他将每一种蛇毒蛋白质的氨基酸序列同蛇脑、心、肝以及其他器官中蛋白质的氨基酸序列进行了比较，结果显示，有21种蛇毒蛋白质都与这些器官中的蛋白质相关。

此外，人们还很好奇，为什么有的蛇有毒，有的蛇没毒？蛇没毒照样可以生存，那它为什么还要产生毒液？这对研究有毒类爬行动物进化的学者来说，确实是一个难以解答的问题。早先科学界认为，蛇的毒腺系统是它们与蜥蜴"分家"之后进化而来的。而近来的基因分析显示，蛇和鬣蜥、巨蜥等共同拥有的毒液基因，已有2亿年以上的历史，那时恐龙才刚刚出现。也就是说，最早的蛇本来都带毒腺，只不过其中一些蛇的毒腺在进化中消失了。毒液最初是偶然借用蛇身体某些部位产生的蛋白质而获得的，之后基因复制产生出复杂的混合毒液，从而对蛇捕食猎物更有益。至于无毒蛇的毒腺为什么会退化，至今仍是进化研究中的一个待解之谜。

与 探索发现
DISCOVERY
& EXPLORATION

⚠ 眼镜蛇

世界上最毒的蛇

世界上最毒的蛇是生活在澳大利亚西北部阿什莫尔群岛海域暗礁周围的裂颊海蛇，其毒性比任何陆地蛇都大。陆地上最毒的蛇是澳大利亚西部的内陆太攀蛇（原名内陆盾尖吻蛇）。

企鹅起源之谜

企鹅是怎样来到南极大陆的？
谁是企鹅的祖先？

    企鹅是一种古老的游禽，在南极还未被冰雪覆盖之前，它们就已经在那里定居了。随着南极气候的逐渐变冷，企鹅练就了一套抵御严寒、与冰雪抗争的本领。

    古生物学研究表明，早在5000万年前的第三纪就出现了企鹅。研究企鹅的起源，总要涉及"不会飞"这一首要线索。是企鹅的祖先本身就不会飞，还是企鹅是从会飞的鸟进化而来，后来放弃飞行而改营水中游泳的呢？这一不解之谜激起了科学家们浓厚的研究兴趣。

    最初有科学家认为，企鹅是独立于其他鸟类单独从爬行类演化来的，其祖先就不会飞行。后来，在日本多处发现外形类似企鹅的不会飞的海鸟化石，这一海鸟被认为是企鹅的先祖。近年，鸟类学家在对比企鹅和北半球海鸦化石的构造之后，认为企鹅与3000万年前的海鸦之间存在进化关系，提出企鹅起源于已灭绝的不会飞行的北大西洋海鸦。但也有动物学家认为，企鹅的祖先是能飞的。看来，有关企鹅起源的问题仍需求索。

🔻 **南极的企鹅**

鹦鹉学舌时动脑子吗

鹦鹉为什么能发出清晰准确的音节？
鹦鹉学舌是一种机械的模仿吗？

　　鹦鹉是一种非常聪明的鸟，它学舌的本领几乎尽人皆知。鹦鹉的舌头圆滑而肥厚柔软，形状也与人的非常相似，具备发声条件，因此可发出准确清晰的音节。

　　然而对于鹦鹉学舌，人们普遍认为那只是一种机械的模仿行为。事实上，鹦鹉表达的语言并非纯粹的生搬硬套，一些受过训练的鹦鹉掌握一定词汇后，能够把一些词组合起来，用来描述从未见过的东西；有些在认识了一些物品后，无论怎样改变其形状，都能认出来，并且还能触类旁通。这表明鹦鹉已具备了初步的分类概念和词语组合能力。于是，人们感到迷惑：这些鸟儿是否真的懂得所"说"话语的

△ 金刚鹦鹉是鹦鹉中学舌能力最强的一种

含义？能否用人类的语言来表达自己的想法？

　　大多数科学家对此持否定态度，他们指出，鸟类没有发达的大脑皮层，不可能懂人类语言的含义，也不可能运用这些语言。然而，有少数科学家却在尝试打破这一传统观念。结论到底如何，人们将拭目以待。

▷ 有人认为鹦鹉能说人话，与舌头构造有关系

鸟类迁徙谜团

鸟类迁徙的本能是怎样形成的？
迁徙途中，鸟是凭借什么来辨别方向的？

　　每年到了一定的季节，有些鸟就会由一个地方飞往另一个地方，过一段时间又

▲ 大雁是一种定期迁徙的候鸟，迁飞时常呈"人"字形

飞回来，年年如此，代代相传，鸟类的这种移居活动叫迁徙。目前，世界上已知的鸟类有8000多种，但并不是所有的鸟都有迁徙现象。例如：麻雀、喜鹊等在一个地区一年四季都可以见到，从不迁徙，人们称这类鸟为留鸟；而啄木鸟等过着漂泊流浪式的生活，它们的活动区域随着食物而转移，没有明显的栖息地，这也不算迁徙，人们称这类鸟为漂泊鸟。

　　那么，迁徙鸟类为什么要选择迁徙呢？有科学家认为，远在10多万年前，地球上曾多次大范围出现冰川。这时，北半球的广大地区冰天雪地，鸟找不到食物，失去了生存条件，只好飞到温暖的地方。后来，冰川慢慢融化，并向北方退却，许多鸟又飞回来。由于冰川周期性的侵袭和退却，所以鸟类就形成了迁徙的习

▼ 湖泊区常常是迁徙鸟类的聚集地

🔺 迁徙的鸟群在空中飞翔

鸟类迁徙怪象

鸟类在迁徙过程中还有许多现象无法解释。例如，在天气不好的夜晚，候鸟会莫名其妙地扑向火堆或灯光。在我国云南，候鸟扑火的现象时有发生。这些怪现象尚没有令人信服的解释。

性。也有科学家认为，鸟类迁徙的根本原因是受体内一种物质的周期性刺激引起的，这种起刺激性作用的物质可能是性激素。还有科学家试图用生物钟来解释鸟类的迁徙现象。现在，人们普遍认为，鸟类的迁徙与外界环境条件的变化和内在生理的变化都有关系，但具体机理直到现在还没有一个令人满意的答案。

鸟类迁徙时要飞很远，可为什么它们的迁徙路线总是固定不变的，而且从不迷航？有的科学家认为，这是因为鸟类是通过视觉，依据地形、地物和食物，来辨认和确定迁徙路线的。有的科学家则认为，鸟类在白天迁徙时是以太阳的位置来导航的，夜晚则以星宿的位置来导航。还有科学家认为，鸟类的迁徙路线是鸟类凭着对地球磁场的感觉来确定的。尽管这些科学家的解释都有一定的道理，但其中仍有一定的局限性，结论还有待于科学家们进一步探索后才能得出。

鸟类迁徙的研究极有意义，理论上能为生物进化论以及有机体与环境之间的关系提供翔实的资料，实践上可为改造自然区系提供科学依据。

◀ 飞禽飞到温暖的水域繁育下一代

海洋动物变性之谜

红鲷鱼在什么情况下会变性？
变性对于海洋动物来说，有什么意义？

在海洋里，一些动物经常发生变性现象。例如，生活在红海里的红鲷鱼，喜好群居，通常由一二十条雌鱼与一条雄鱼组成一个大家庭，过着集体生活。雄鱼是一家之主，担负着保护全家安全的重任。可是一旦这条雄鱼不幸死去，雌鱼中的一条就会很快变成雄鱼，接着担任一家之长。

◎ 沙蚕也经常用改变性别的办法适应环境

有些鱼类更加奇特，如珊瑚礁中的石斑鱼，当这一海域雄性多、雌性少时，一部分雄性石斑鱼就会变成雌性；而当这一海域雌性多、雄性少时，一部分雌性石斑鱼就会变成雄性。更为奇特的是，生活在美国佛罗里达州和巴西沿海的蓝条石斑鱼，一天中可变性好几次。其实，变性现象在海洋动物中并不少见，像沙蚕、牡蛎、黄鱼等都会变性。

海洋动物为什么要变性呢？许多科学家曾对这个问题进行过长期的探索，却始终无法得出明确的结论。但不管怎么说，这也是一些低等动物在进化过程中为了适于生存和更有利地繁殖后代所演变出的一种独特功能。

◀ 石斑鱼是一种可以变性的动物

蝗虫大暴发之谜

蝗虫为什么会出现集群活动？
蝗虫是因什么而改变习性的？

蝗虫是无人不知、无人不晓的农业害虫，它们的踪迹遍布全世界。通常情况下，蝗虫很胆小，喜欢独居，危害有限，但它们有时候会改变习性，聚群生活，最终大量聚集，集体迁飞，形成令人生畏的蝗灾。

△ 蝗虫

是什么因素诱发了蝗虫大暴发呢？专家认为，在天旱和森林被过度砍伐之后易出现蝗虫大暴发。一方面，蝗虫适应干旱的能力很强；另一方面，干旱使蝗虫喜食的禾本科植物生长受到限制，因此只要遇到好食物，蝗虫便蜂拥而至，形成集团化行动。

那么，又是什么因素诱使蝗虫的习性发生了改变呢？有科学家称，随着蝗虫密度的增加，个体间身体相互接触，使蝗虫体内黑化诱导素大量增加，它可能是导致蝗虫集团化行动的重要因素。还有一种学说称，受温度、湿度和栖息密度的影响，蝗虫独居和集体迁飞这两种习性能相互转变。虽然目前的研究还不够充分，但这一课题对防治蝗虫有重要意义。

▶ 天空中出现大群蝗虫

谁是**人类**的直接祖先

被认为疑似人类直接祖先的古猿有哪些？
非洲南方古猿会是人类的直接祖先吗？

人是由古猿进化来的——这是英国博物学家达尔文推翻"神创造了人"的观点后，提出的较为科学的论断。但这一课题研究起来并不简单，因为史前出现的古猿特别多，到底哪一种才是人类的直接祖先呢？古人类学家一直在苦苦寻求这个答案。

在很长的一个时期内，多数人的观点倾向于把生活在约250万年前的非洲南方古猿看作人类的直接祖先。但在1974年，研究人员在埃塞俄比亚发掘到一具距今300万年的保存完好的古人类化石。随后，人类学家又陆续发掘到一些人骨化石。考古学家将这些古人类化石称为阿法尔南猿。于是，一些人主张把阿法尔南猿看作是人类的直接祖先，同时也把它看作是非洲南方古猿的祖先。有学者表示反对，他们认为人类的直接祖先至今还没有被发现。最近，我国考古学家又在我国南方发现了距今有200多万年的古人类化石，为这一争论增添了几丝迷幻色彩。究竟谁是人类的直接祖先，还需进一步研究。

◀ 南方古猿的复原图

▶ 人和猩猩是同源的吗？

人类的发源地在哪里

> 非洲会是人类的发源地吗？
> 哪些证据证明人类最早的祖先出现在亚洲？

人类的发源地在哪里？长期以来，科学探索者对这个问题一直争论不休。早在200多年前，英国博物学家达尔文就提出，人类可能起源于非洲。这是因为森林古猿化石在欧洲、亚洲、非洲都有发现，其中非洲发现的年代最早。20世纪20年代，非洲发现了南方古猿化石，而且范围广、数量多，于是许多学者便认为非洲是人类的发源地。

1857年，又有人提出，人类最早的祖先是在亚洲出现的，从巴基斯坦、印度和中国发掘出的腊玛古猿化石就是证据。他们认为，腊玛古猿很可能是1000多万年以前就与森林古猿分开而向人类发展的最早的人类祖先，以后它们演化成了距今约有250万年的南方古猿，再由南方古猿经过直立人（猿人）、早期智人、晚期智人才进化成现代人。

> ▶ 尼安德特人是最早被发现的早期智人

关于人类发源地在哪里的讨论还在继续，哪一种观点更符合历史事实呢？这只能用更多新的发现来判定了。

> ▶ 被视为人类起源地的非洲，自然环境很好，适合人类生存

图书在版编目（CIP）数据

你不可不知的自然之谜／龚勋主编. —汕头：汕
头大学出版社，2018.1（2023.5重印）
　（少年探索发现系列）
　ISBN 978-7-5658-3250-5

　Ⅰ．①你… Ⅱ．①龚… Ⅲ．①自然科学—少年读物
Ⅳ．①N49-49

　中国版本图书馆CIP数据核字（2017）第309826号

▷少▷年▷探▷索▷发▷现▷系▷列▷

EXPLORATION READING FOR STUDENTS

你不可不知的
自然之谜

NI BUKE BUZHI DE ZIRAN ZHI MI

总 策 划　邢　涛
主　　编　龚　勋
责任编辑　汪艳蕾
责任技编　黄东生
出版发行　汕头大学出版社
　　　　　广东省汕头市大学路243号
　　　　　汕头大学校园内
邮政编码　515063
电　　话　0754-82904613
印　　刷　河北佳创奇点彩色印刷有限公司
开　　本　720mm×1000mm　1/16
印　　张　10
字　　数　150千字
版　　次　2018年1月第1版
印　　次　2023年5月第6次印刷
定　　价　19.80元
书　　号　ISBN 978-7-5658-3250-5

● 版权所有，翻版必究　如发现印装质量问题，请与承印厂联系退换